三维运动声阵列跟踪理论与技术

刘亚雷　顾晓辉　著

国防工业出版社

·北京·

内 容 简 介

本书以智能反坦克子弹药为应用背景,具体研究运动声阵列对战场环境下地面声目标跟踪方法及应用技术。本书全面论述了运动声阵列目标跟踪所涉及的基本问题,包括声阵列跟踪系统动态模型、阵形最佳观测布局、信号预处理技术、跟踪滤波算法、二维有限目标跟踪及双点声源角跟踪指向性能等,重点研究了多传感器信号静态与动态预处理方法,高斯线性、高斯非线性、非高斯非线性环境下的典型目标跟踪技术,BAT 对地面机动目标角跟踪及双声源目标跟踪指向性能等问题。相关技术与方法可应用于灵巧弹药、子母弹药智能化方向,同时此书也可为研究人员从事相关科学研究提供参考。

图书在版编目(CIP)数据

三维运动声阵列跟踪理论与技术 / 刘亚雷,顾晓辉著. 一北京:国防工业出版社,2020.8

ISBN 978 – 7 – 118 – 12223 – 7

Ⅰ.①三… Ⅱ.①刘… ②顾… Ⅲ.①目标跟踪
Ⅳ.①TN953

中国版本图书馆 CIP 数据核字(2020)第 190122 号

※

国防工业出版社出版发行

(北京市海淀区紫竹院南路 23 号 邮政编码 100048)
北京虎彩文化传播有限公司印刷
新华书店经售

*

开本 710×1000 1/16 印张 13¼ 字数 249 千字
2020 年 8 月第 1 版第 1 次印刷 印数 1—1000 册 定价 98.00 元

(本书如有印装错误,我社负责调换)

国防书店:(010)88540777 书店传真:(010)88540776
发行业务:(010)88540717 发行传真:(010)88540762

前　言

随着战争环境的日益复杂,传统的探测系统(如雷达、红外等)受到越来越多的威胁,被动声跟踪技术以其隐蔽性强、不易受到攻击、适用性广等优点越来越受到人们的重视。本书以智能反坦克子弹药(Brainpower Antitank Submunition,BAT)为应用背景,开展了三维运动声阵列对典型二维声目标跟踪理论研究,研究的主要内容包括三维运动声阵列跟踪系统动态模型研究、跟踪系统最佳观测布局研究、观测信号预处理技术研究、跟踪滤波算法研究以及三维运动声阵列对双点声源角跟踪指向性能研究,具体归纳如下:

(1)三维运动声阵列跟踪系统动态模型研究(第2章)。阐述了战场典型二维声目标声信号产生机理及特性,分析了二维声目标的声源特性,探讨了声信号在大气中的反射、折射、透射、散射,声信号的衰减以及声信号传播的多普勒效应,得到了声信号以空气为介质的传播模型,认清了三维运动声阵列跟踪环境的物理现象,结合本书研究的实际环境,给出了三维运动声阵列跟踪系统动态模型的基本假设。在笛卡儿坐标系及修正极坐标系下,分别建立了运动声阵列跟踪系统的状态模型及观测模型,对模型参数进行了分析,设计了一种包含数字压力传感器电路等硬件的弹载高度测量与记录装置。

(2)三维运动声阵列跟踪测量系统最佳布局研究(第3章)。对由平面四元声阵列组成的跟踪测量系统的阵元布局进行了研究,提出了一种度量四元三维运动声阵列跟踪观测"系统测量精度指标准则",即PDOPF(Position Dilution of Precision Function)。以二维目标的位置几何精度衰减因子函数最优为目标,对平面四元声阵列跟踪测量系统布局的位置坐标进行了解算,分析了布局精度,得到了三维运动声阵列跟踪测量系统的理论最佳布局;通过静态半实物仿真试验进行了验证。

(3)三维运动声阵列观测信号预处理技术研究(第4章)。对战场环境下的干扰信号进行了分析,在阵列多传感器观测信号预处理方法中,提出了正交小波多尺度观测信号预处理算法,并通过"静态"及"动态"半实物仿真试验进行了验证研究;而在单通道观测信号预处理方法中,基于EMD理论,分析了IMF

频谱特性,结合本书的典型声目标声信号特性,对观测信号进行了预处理,同样的信号分析验证了该算法的有效性。此外,提出了一种针对信号几何窗口的变量——"当前"平均改变能量(Current Average Change Energy,CACE),利用该变量推导了基于"当前"平均改变能量的机动检测算法,将"当前"机动改变能量调制到 CACE 上,得到了"当前"平均改变能量机动准则。最后设计了一种基于Matlab 的声信号预处理软件。

(4)三维运动声阵列跟踪滤波算法研究(第5章)。根据运动声阵列跟踪系统的动态模型,分别从高斯线性、高斯非线性、非高斯非线性三个方面研究了三维运动声阵列对二维声目标的跟踪滤波算法。①基于线性、高斯系统假设下的跟踪滤波算法。阐述了传统的线性系统滤波状态估计算法,即卡尔曼滤波算法,基于卡尔曼滤波算法提出了多尺度贯序式卡尔曼滤波的运动声阵列跟踪算法(Multi – scale Sequential Based on Kalman Filtering,MSBKF),Matlab 仿真分析了该算法的跟踪性能,针对跟踪滤波与预测实时性问题,提出了运动阵列的基于当前平均改变能量的机动检测与变维自适应卡尔曼滤波算法(Current Average Change Energy Maneuvering Detection and Variable Dimension Adaptive Kalman Filtering,CACEMD-VDAKF),通过算法仿真,验证了 CACEMD-VDAKF 提出的算法的有效性。②基于非线性、高斯系统假设下的跟踪滤波算法。阐述了传统的非线性系统滤波算法,即扩展卡尔曼滤波(EKF),分析了 EKF 滤波的偏差,提出了基于无迹粒子滤波的自适应交互多模型运动声阵列跟踪算法(Adaptive Interacting Multiple Model Unscented Particle Filtering Based on Measured Residual,AIMMUPF-MR),通过算法仿真,验证了 AIMMUPF-MR 算法在跟踪精度、稳定性及实时性上的有效性。③基于非线性、非高斯系统假设下的跟踪滤波算法。针对非线性、非高斯跟踪系统的状态滤波与预测问题,基于粒子滤波提出了确定性核粒子群的粒子滤波跟踪算法(Deterministic Core Particle Swarm Particle Filtering,DCPS-PF),推导了该算法的理论误差性能下界(Cramér Rao Low Bound,CRLB),与粒子滤波算法相比,仿真结果表明了该算法的有效性和优越性。

(5)二维有限机动目标的跟踪研究(第6章)。三维运动声阵列对二维运动目标定向及角跟踪问题,其中角跟踪是指利用仅有的声阵列估计的目标角度信息序列对地面目标距离进行估计,从而获得完整的目标方位信息,并在此基础上进一步估计目标运动状态,以提高跟踪精度,研究多尺度贯序卡尔曼滤波算法在被动角跟踪中的应用,利用其多尺度分析能力和实时递推算法来提高跟踪精度。通过理论分析和有效的仿真方法来研究 BAT 对目标跟踪的充分条件及对定向精度的要求。

（6）三维运动声阵列对双点声源角跟踪指向性能研究（第7章）。阐述了多点声源干扰的基本原理，建立运动声阵列在双点声源下的角度跟踪指向性能数学模型。从三个方面（伪目标与真实目标的声信号在频率上一致，声压幅值保持线性关系；声压幅值一致，在频率上保持线性关系；声信号的声压幅值、频率均保持线性关系）分析了频率值比、声压幅值比及两声源的相位差与运动声阵列角度跟踪指向性能之间的关系；提出了包含运动声阵列的飞行速度、侧向过载、战斗部有效毁伤半径，运动声阵列的弹道倾角及两点声源对声阵列张角等参数的角度干扰指数（Bearing-Only Deflection Index，BODI）作为运动声阵列角度跟踪指向性能评价指标，为进一步研究三维运动声阵列对多声源目标跟踪理论奠定了基础。

本书由中国人民武装警察部队海警学院刘亚雷副教授、南京理工大学机械工程学院顾晓辉教授共同完成，其中第2、3、4、5、7、8章由刘亚雷副教授编写，第1、6章由顾晓辉教授编写。全书由刘亚雷副教授统稿。本书由"双重"建设——装备工程（动力）、武警部队军事理论研究课题项目资助。

由于作者水平有限，不当之处恳请读者指正。

目　　录

第1章 绪论

兵器科学技术的发展凝结着人类的智慧。军事需求是兵器发展的动力,技术推动是兵器发展的条件,每个时代的兵器都标志了这个时代的科学技术水平[1]。21世纪是高技术的时代,计算机技术、人工智能技术、电子技术以及先进制造技术的发展及其在弹药工程上的应用,将给弹药的发展带来战略性的影响,并大大推动弹药技术的进步。诚然,近代科学技术发展的重要趋势就是各个学科之间的相互渗透,正如控制论的奠基人维恩所言,"现代科学技术的发展,应该在各门科学的接触点上期待最大成果。"军用声学就是这种相互渗透的结果,它不仅涉及军用武器、声学本身,而且还涉及机械、电子、自动化等学科,以及信号处理、计算机、传感器、微控制、测试、人工智能等技术[2]。三维运动声阵列对二维声目标跟踪技术就是各学科技术相互渗透发展的产物。

本书以智能反坦克子弹药(Brainpower Antitank Submunition, BAT)为应用背景,结合作者近十年研究内容及成果,针对三维运动声阵列对典型二维声目标的跟踪理论及其应用技术进行了阐述,给出了相应的研究方法和理论成果。全书的主要内容包括:三维运动声阵列跟踪系统动态模型、跟踪系统最佳观测布局、观测信号预处理技术、跟踪滤波算法研究以及三维运动声阵列对双点声源角跟踪指向性能。本书中相应研究成果可为三维运动声阵列的跟踪理论发展和工程应用奠定理论基础。

1.1 引言

现代战争中直升机和坦克作为两大军用武器,其攻击力和防护性能得到了很大的提高,然而在有效提高对敌方攻击强度的同时也加大了摧毁敌方武器和部队的难度。现代战争中,坦克被定义为一种以武器系统、防护系统、推进系统、通信系统、电气系统以及其他设备共同组成的重型作战车辆,配有夜视、夜瞄、激光测距、电子弹道计算机、双向稳定器(实施行进间射击)

和自动装填装置,从而提高了射击精度和射速,成为陆军的主要突击力量。自1916年第一次世界大战中首次投入战斗之后,坦克以其强大的火力、防护能力及机动能力获得了世界各国陆军的青睐,成为当今世界各国陆军主要突击力量,其强大的战斗力还使得它获得了"陆战之王"的美誉。现代坦克的吨功率为 $11.0 \sim 21.5 \text{kW/t}$,最大速度已达 $60 \sim 80 \text{km/h}$,越野速度可达 55km/h,最大行程一般为 $300 \sim 600 \text{km}$,由静止状态加速到 32km/h 一般为 $6 \sim 7 \text{s}$。因此,如何在保证我方部队不受威胁的情况下削弱敌方坦克势力,摧毁其战斗力,成为战争的迫切需求,对于战争的胜利具有重要意义,因此反坦克地雷应运而生。侧甲智能地雷是其中一种,它从侧面攻击坦克的侧甲。当它布设后,会自动检测周围情况。敌方坦克所发出的信息,会被侧甲智能地雷自动识别,一旦确定所要攻击的目标,它腾空而起,从侧面方向对敌坦克进行地雷攻击。

直升机在现代战争中具有机动性高、敏捷灵巧、隐蔽性好、生存能力高和攻击能力强等独特优点,能以贴地飞行方式越过山丘以躲避雷达,对地面目标形成巨大威胁,且具有全天候作战的能力和强有力火力系统,在支援和配合部队作战方面,显示出其独特的威慑作用及控制低空制空权方面的重要性。直升机在战争中的作用越来越重要,尤其在地形复杂的作战环境下,直升机更是作战不可或缺的军用机种。因此,如何对付高性能、超低空飞行的直升机已成为全世界亟待解决的问题。

弹药是武器系统对目标实施毁伤的单元,是最重要、最活跃的元素之一。传统的弹药以其制造简单、使用方便、价格低廉、火力迅猛、密集压制等特点在昔日战场上发挥了巨大作用,但其缺点也越来越明显。这些缺点主要表现在两个方面:其一,使用者在发射或是投射弹药后无法干预和矫正弹药的行为和状态;其二,弹药自身亦没有修正和驾驭自己行为和状态的能力。因此,在多因素影响下,传统弹药的散布较大、精度较差、效能较低,在战场上,为了达到一定的作战目标,如击毁敌方坦克、装甲车辆、自行火炮以及破坏敌方工事、重要军事目标等,往往需要形成"弹雨",消耗大量弹药,这不仅给弹药的供给造成困难,而且也给自己的生存带来威胁。诚然,导弹的出现改变了上述状态,它利用制导装置控制飞行弹道,按已知目标位置和所要求的精度将自己导向目标,其高精度、高性能不仅对战斗双方的胜负起着重要作用,甚至可以改变双方的作战方式。但是,战争的实践证明,导弹武器系统具有组成高度复杂、研制和采购成本高、使用维护难度大等不足,对指挥、操控、维护等人员的知识和技术水平要求高,而且无法有效毁伤和压制群目标和面目标,因此,并不是适用于所有战场。20 世纪 90 年代以来,随着科学技术的发展,弹药有了日新月异的变化,现代战场对发射平台以及弹药提出了更新、更高的要求。为了实现远程精确打击目标,各国都在采取措施提高武器的射程和精度。在火力控制系统设计中,射程、精度、威力一直都是相互制约的,普通弹药射程增加的同时必然造成精度或破坏力的降低。在未来的相当长时期内,各种火炮、火箭弹、航弹、撒布器、无人机会大量地使用,并在战场中发挥重大作用,为了适应现代高新技术战场的需要,必须提高弹药的命中精度,然而仅仅通过提高无控弹药的射击精度来提高弹药的命中精度是有限的。因此,为了较好地解决弹药的射程、精度、威力三者之间的矛盾,使得远距离、大纵深对付目标得以实现,近年来,具有人工智能,可自动寻找、识别、跟踪和摧毁目标的智能弹药异军突起,已发展成为全新的技术和装备领域,与传统弹药、导弹形成鼎立之势。军事理论界普遍认为,智能弹药将在未来军事领域占有重要地位。据统计,装有智能系统的弹药,在战场条件不变的情况下,其命中精度将提高 3 倍。正因为如此,许多国家在建设 21 世纪军队的计划中,都高度重视智能弹药的研究和应用。

在当前反坦克和反直升机武器中,基于被动声探测的目标识别、定位及跟踪技术,是一项关键技术,且越来越为人们所关注,吸引了大量人力、物力进行研究。在此基础上发展起来的反坦克、反直升机雷弹系统,具有智能、广域、高效的特点,能够有效实施超低空防御、控制超低空空域,从而更好地限制和破坏敌人坦克和直升机实施的纵深和立体机动,在未来战争中将发挥巨大作用。目标跟踪是反坦克、反直升机智能化系统的关键技术环节。BAT 是既适用于无人机平台又可以供火箭、导弹、撒布器等使用的反坦克武器。BAT 采用声学、红外传感器以及微波雷达等探测手段自动搜索、识别、定位、跟踪、攻击并摧毁运动的坦克和其他装甲战车。其弹载声阵列用于实现对目标声信号的观测,通过对观测信号处理及相应的滤波估计算法,实现对目标的位置及运动状态估计,从而达到跟踪目标的目的。选择运动声阵列所组成的系统作为一种探测手段是因为该系统具有以下优势:被动声探测基本不受地形、地物的影响,在探测过程中不向声源发射主动探测信号,隐蔽性好;不受光线限制,可全天候工作,并且声信号有很强的绕射能力;与激光等主动探测方式所采用的装置相比大多成本低、功耗低,能够对运动目标进行方位估计和跟踪。此外,随着现代微电子技术、智能信号处理技术以及传声器技术的迅速发展,实时处理声信号成为可能。

这些因素使得研究三维运动声阵列对声目标在各种运动状态下的跟踪理论与技术变得现实。该运动声阵列系统可以应用到对坦克、装甲车辆等声目标的运动轨迹跟踪领域,可以提高武器智能化水平和数字化水平,为武器向智能化方向发展提供积极的参考价值。

1.2 声阵列探测系统应用

三维运动声阵列是指由一定数量声传感器组成的声阵列,它们按照一定规则布置在三维运动载体上,并随着运动载体做三维运动。三维运动声阵列跟踪技术是指利用三维运动声阵列观测目标自身辐射的声信号,通过跟踪系统的动态模型、跟踪系统最佳布局、观测信号预处理技术以及相应的跟踪滤波算法,实现三维运动声阵列对声目标的位置及运动状态估计,从而达到跟踪目标的目的。本书以 BAT 的应用为背景,在书中,三维运动声阵列跟踪技术实际上属于被动式声探测技术。下面分别对声阵列探测系统的研究现状进行综述。

1.2.1 BAT 声探测系统发展现状

智能反装甲子弹药是由美国诺斯罗普·格鲁曼电子传感器与系统公司研制的一种无动力型子弹药。在白天或夜间以及恶劣气候条件下,可由洛克希德·马丁导弹与火控公司研制的 Block Ⅱ 和 Block Ⅱ A 型陆军战术导弹系统将其投放到敌后的纵深区域。每个智能反装甲子弹药采用声传感器来探测几英里外的运动坦克,当选定装甲战车纵队中的一个目标后,该子弹药飞至目标的顶部,引爆两级空心装药战斗部。Block Ⅱ 型将携载 13 枚智能反装甲子弹药或其改进型;Block Ⅱ A 型将携载 6 枚智能反装甲子弹药改进型。这种新型弹药不仅可以用来攻击敌方 40 ~ 500km 纵深内集群的、冷的、热的、静止的、运动中的装甲目标,而且还可以用来攻击地地战术弹道导弹发射系统、防空导弹发射系统等没有装甲防护的软目标,并都能首发命中。

从公开的研究资料看,美国对该弹进行了长时间研制,先后进行多次改进,早期的 BAT 如图 1.1 所示,其主要参数:弹长为 914.4mm;弹径为 139.7mm;弹重为 19.976kg;寻的器配备声学传感器和红外传感器。1998 年 3 月在首次生产鉴定试飞中,战术 BAT 子弹药命中静止的坦克,在随后的生产鉴定试验的飞行试验中,多枚 BAT 子弹药命中了运动的装甲车辆。

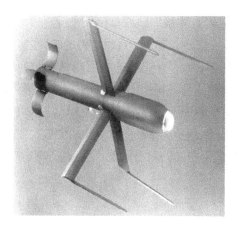

图 1.1　美国早期研制的 BAT 子弹药攻击装甲目标试验

2000 年 8 月 30 日,美国陆军在白沙导弹靶场进行了陆军战术导弹系统 (ATACMS) Block Ⅱ 的飞行试验,成功地布撒 13 枚智能反坦克子弹药,攻击由 21 辆装甲车组成的运动目标阵列。试验时,导弹从多管火箭发射系统(MLRS) M20 发射架发射,攻击 120km 以外的目标。13 枚子弹药中一部分装备真实弹头,另一部分装备数据记录装置,以便搜集飞行试验数据。据诺思罗普·格鲁曼公司陆地作战系统的负责人称,试验数据的初步分析表明飞行试验是成功的,BAT 子弹药运行正常。尽管在公布最终结果前还将对飞行数据记录装置和靶场测试设备的数据继续进行分析,但跟踪摄像机和雷达数据表明,(ATAC-MS) Block Ⅱ 导弹准确飞抵布撒区,13 枚 BAT 子弹药均布撒到运动装甲目标附近。布撒后,子弹药转变到搜索状态,然后拦截遥控目标,至少有 8 辆运动装甲车被命中,6 枚 BAT 子弹药击中其薄弱部位。

2002 年 7 月,由美国陆军和诺思罗普·格鲁曼公司组成的小组在白沙导弹靶场进行了改进型智能反装甲子弹药的飞行试验。从飞机上发射的子弹药飞过由 l7 辆遥控移动装甲战车构成的编队。子弹药进行了飞机机动及探测、跟踪、捕获目标等一系列试验。改进型(P3E)的 BAT 成功完成了对固定目标的攻击,该次试验是可回收型 P3E BAT 的 l2 次着陆试验中的首次。

早期的研究过程中,BAT 子弹药可以用陆军的方案 -2 导弹、美国空军的战术弹药抛撒器(TMD)和海军的对地攻击“战斧”巡航导弹携带抛撒。每枚方案 -2 导弹的战斗部将装有 13 颗 BAT 子弹药。作战时,BAT 子弹药从方案 -2 导弹的战斗部内抛撒出来,然后按预先设定的程序展开卷型尾翼和弹翼,滑行飞行下降,并通过子弹药自身携带的高度表和计时装置等,在预定高度上启动各个弹翼尖端的声响传感器和头锥内的红外传感器,自主地对地面目标区进行搜索。一旦发现目标,便立即进行跟踪、识别、锁定。当子弹药下降到预定高度时,在传感器的作用下,串联式空心装药战斗部立即被引爆,从上向下攻击目标防护最薄弱的部位,将目标摧毁。此后,美军使用集束炸弹携带抛撒 BAT,2003 年 4 月报道,美军 B-52H 轰炸机对一支向美英联军部队逐渐靠拢的伊拉克坦克纵队投下了 6 枚分别重达 454kg 的集束炸弹——CBU-108,这是美军在伊拉克作战中首次使用该武器。图 1.2 为美军 CBU-108 智能反装甲子弹药攻击试验。

图 1.2　美军 CBU-108 智能反装甲子弹药攻击试验

CBU-97 弹长 2.34m,直径 0.41m,可装 10 颗智能反坦克子炸弹,由 B-52、B-1、B-2、F-16、F-15E 飞机携带,弹上的 SUU-66/B 战术弹药释放器自动打开,释放出 10 枚 BLU-108/B 子炸弹,每枚子炸弹又分解成 4 枚曲棍球形穿甲弹头,轰炸面积可达 $5.5 \times 10^4 m^2$。图 1.3 所示为美军集束炸弹内装 10 枚智能反装甲子弹药。

图 1.3　美军集束炸弹内装 10 枚智能反装甲子弹药

以色列军事工业公司(IMI)披露了其最新研制的小型多用途智能子弹药(MIMS),如图 1.4 所示。据称,该子弹药可区分民用和军事目标,并且只攻击后者。MIMS 可预编程,编程后的子弹药根据目标的质量、大小、形式和速度可识别某些类型的车辆。一旦被预编程,它将只攻击所选择的目标,而对其他类型的目标则置之不理,这样可大大降低附带损伤。例如,MIMS 可被预编程后只攻击装甲车辆,而不攻击民用车辆。MIMS 质量为 800kg,可由空地导弹、炸弹、陆射火箭弹或霰弹布撒。该子弹药携带有多个可识别目标的传感器和自推进系统,使其可飞向目标并实施攻击。该子弹药在一段时间(预编程时设定的)后可自行分解,从而确保当战争结束后,部署在市区内的弹药不会对平民造成伤害。

图 1.4　以色列研制的小型多用途智能子弹药

　　我国对智能反装甲子弹药的研究起步较晚,西北工业大学、南京理工大学、中国兵器工业集团 203 所等单位进行了相关技术的研究[3-5]。

1.2.2　智能地雷探测系统应用

1. 国外智能地雷研究现状

　　智能地雷始于 20 世纪 80 年代末,是在灵巧地雷(Smart Mine)概念基础上重点发展的智能兵器,其中最早并且积极从事这一领域研究的国家有美国、英国和德国。美国当时把人工智能技术列为第一位,其中美国陆军重点支持智能防坦克地雷(子母弹)和防直升机智能地雷,1992 年和 1993 年分别进入野外研制阶段,目前美军对这两种智能地雷已投入 30 亿美元研制经费。

1）大力发展防坦克地雷

首先，发展大量装备性能较先进的第二代防坦克地雷。第二代防坦克地雷一方面向标准化、系列化、通用化、适用多种布设手段的方向发展，另一方面，也在不断运用现代科技成果，拓宽攻击范围，提高灵敏度，增强目标鉴别能力、抗噪性能及具有自毁或自失效能力。

新型防坦克侧甲雷在引信与传感器方面有重大突破，广泛采用激光、红外、振动、声、毫米波传感器技术构成复合引信，如俄罗斯 TM - 83 防坦克侧甲雷，美国的 XM84 防坦克侧甲地雷，法国、德国、英国联合研制的 ARGES 防坦克地雷等。

俄罗斯 TM - 83 防坦克侧甲地雷于 1993 年第一次公之于世，如图 1.5 所示。该雷是一种具有圆形金属雷壳的地雷，有一个可调整的框架，通过该框架可以将地雷连接到木桩上、树上或其他建筑物上。该雷的顶部装有红外和振动传感器，朝向路口进行监视，当有车辆接近时，先由振动传感器探测目标，继而用红外传感器在最佳时机和距离引爆地雷。地雷爆炸时，地雷前面的铜板形成弹丸穿透装甲目标。如必要的话，该雷还可采用 100m 长的电缆遥控起爆。该雷的有效设置时间为 30 天，有效杀伤距离为 50m，可穿透 100mm 厚的装甲，形成一个直径为 80～120mm 的洞。

ARGES 防坦克地雷是由法国、德国、英国联合研制的一种路旁防坦克地雷，如图 1.6 所示。该地雷实质上相当于一个安装在三脚架上的火箭串联战斗部，该地雷使用红外传感器探测识别目标。当有效目标进入传感器监测范围时，火箭发火，摧毁目标。

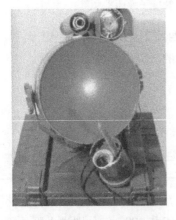

图 1.5　俄罗斯 TM - 83 防坦克　　　　图 1.6　ARGES 防坦克地雷
　　　　侧甲地雷

其次,积极研制第三代防坦克地雷。广域地雷是一种专门用来攻击坦克顶部装甲的地雷,可以形成大纵深、多层次、远中近的机动障碍,以减缓坦克的进攻速度,并击毁坦克,单个地雷的障碍宽度从原来的几米提高到几十米甚至上百米。研制广域地雷的国家主要有美国、德国、俄罗斯、法国等。美国 Textron 公司研制的 M93 广域地雷是第三代反坦克智能地雷的杰出代表,如图 1.7 所示。它是美国陆军的第一代能自主寻的攻击顶部装甲的一种智能反坦克地雷。该雷雷体高 34.4cm,直径 18.8cm,重 15.9kg,可由人工布设或由时速小于 35km/h 的卡车布设,还可由"火山"布雷系统、MLRS 多管火箭炮和 ATACMS 陆军战术导弹系统进行布设。它使用 3 个声传感器和 1 个振动传感器组成传感器阵列,可遥控地雷的"打开"和"自毁"。进入战斗状态后,地雷自动搜寻车辆目标,对目标进行测定、跟踪和分类,在 100m 毁伤半径内发射灵巧弹药,灵巧弹药装有 EFP 战斗部和双色红外传感器,弹药探测到目标后在 20m 高处起爆 EFP,打击顶部装甲。该雷的最大作用距离为 400m,1996 年初进入小批量生产,现已开始装备使用。

法国 MATRA 公司研制的 MAZAC 声控增强防坦克地雷是一种智能广域攻击坦克顶甲的地雷,如图 1.8 所示。该雷于 1995 年前后装备法军。MAZAC 声控增强防坦克地雷具有很好的反装甲机动部队的能力,作用半径 200m,其能量相当于 60~100 枚普通地雷,而价格只是普通地雷的 3 倍,且勤务性好,可单兵设置。该套装置由声波探测器和两个发射筒组成,装 2 枚地雷,可以 360°旋转。当声波探测器探测到坦克装甲车辆行驶时的声音和振动时,数据处理系统开始鉴别目标,计算出它的预定位置并自动跟踪,当目标距离小于 200m 时,地雷被自动发射出去,地雷上装有红外探测器,并以 20r/s、50m/s 的速度飞行,一旦探测器捕捉到目标,即射出自锻破片子弹,子弹飞行速度为 2380m/s,可击穿坦克装甲车辆的顶甲。

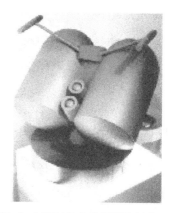

图 1.7　美国 M93 广域地雷　　　　图 1.8　MAZAC 声控增强防坦克地雷

2)积极发展防直升机地雷

低空、超低空是地面雷达防御的薄弱空域,而武装直升机恰恰利用了防空系统这一弱点来提高其生存能力和攻击能力。防直升机地雷是随着武装直升机在战场上的出现而出现的一种极具威胁的武器。美国国防预研项目局对防直升机雷弹的要求是:探测距离大于1km,跟踪距离大于250m,最小有效射程为100m,最小有效射高为100m,能够独立识别敌机与友机,能够对付集群目标,能在昼夜及全天候条件下使用。

20世纪80年代后期,美国国防部花费巨额资金招标由Textron公司研制生产AHM地空式定向防直升机地雷,如图1.9所示。该地雷由声传感器、微处理机、被动红外引信和雷体战斗部组成。AHM地雷系统采用4m×4m的微声器阵列,可探测6km内的直升机,并能分辨出直升机的类型,雷体战斗部结构为多级聚焦的EFP爆轰弹丸,作用距离达400m。而当直升机低飞被地形遮蔽时,它能克服地形效应,且不受红外假目标或电子干扰影响。该地雷最重要的一个特点是:传感器能通过直升机螺旋桨叶片的特征信号区分出空中飞行的直升机类型,从而避免攻击己方的部队。

俄罗斯研制成功的"节奏-20"防直升机地雷,如图1.10所示,能够根据声响判断直升机种类,并可以在各种气象条件下确定目标方位,当目标进入2km时,防直升机地雷开始识别目标;当目标进入200m范围时,地雷就发射。该地雷操作简单,运输方便,总重12kg,可布设在跑道附近,打击直升机以及其他飞行速度较慢的固定翼飞机。

图1.9 美国AHM防直升机地雷

图1.10 俄罗斯"节奏-20"防直升机地雷

3)重要发展方向——智能雷场

智能雷场是目前智能地雷研究的一个重要发展方向。雷场使用一个网关(Gateway),其大小与地雷相当,其中有通信用收发机及自己的传感器。网关与地雷同时布设,通过预编程传感器,可使人力部队及直升机通过该雷场,当已方部队靠近雷场行驶时,驾驶员可利用控制装置关闭雷场。目前美军正在研制的"猛禽"智能战斗警戒系统(Raptor Intelligent Combat Outpost)就是一种典型的智能雷场。

"猛禽"智能战斗警戒系统集战斗部、传感器、通信系统、应用软件于一体,可发出命令保护已方阵地。它被设想成由四个部分组成,三个部分固定,一个部分根据情况而变。三个固定的部分是空中可散布声传感器、一个人工智能平台(智能雷场控制站)和一个地面控制站,而战斗部则可机动。目前装备的弹药是"大黄蜂"PIP(广域弹药),战场情况和指挥员的作战意图最终通过"大黄蜂"体现。战斗部可以是致命武器,也可以是非致命武器。"猛禽"智能战斗警戒系统可满足用户的客观需求。该系统可应用于如下几个方面:①无须看守火力、侧翼防护和前沿防护即可占领交战区;②为战斗智能收集充当警戒系统或是潜听哨;③作为一种前方侦察系统,指导火力(火炮和空中火力)对威胁目标实施打击。"猛禽"智能战斗警戒系统可由单兵手持布设,也可由机载布设。预先布设时,每个"猛禽"智能战斗警戒系统都有一个智能雷场控制站,当目标进入控制区域时,战斗部将目标的距离、方位等信息周期性地报告给地面控制站,当控制站的操作人员判定该目标为敌人,而且有可能入侵时,操作人员会发送给智能雷场一个交战指令,收到指令后,智能雷场控制站无须人工干涉即可指挥火力,此时,该区域就被认为已经进入战斗状态了。

目前美国五角大楼前景防务设计局正在研究一种"自行愈合雷场"。这种地雷能够在战场上自动移动位置,可在既定部署地段调整出最好、最合理的防御布局。实际上,这种地雷相当于一种机动自杀式机器人。据美国工程师的设想,在未来"自行愈合雷场"上将部署近千颗智能反坦克地雷。部署之后,这些地雷可在几分钟内,利用配备的 GPS 导航系统接收器,计算出相互之间的位置,并立即自行调节相互间的蜂窝状布局。如果接收器发生损坏或受到来自卫星的干扰失灵后,这种智能地雷还可通过其他手段来进行调整,可利用外部环境传感器,分析自身接收的无线电信号,或者使用其他类似方法。智能地雷还可以交换文本信息,可以作为一个作战小组,及时更换因外部作用因素引起一般性电子故障而失效的地雷。在防护区域遭到侵犯时,它们可单独或集体协调做出应对。

据美国高级防务项目研究局透露,美军已经进行了由洛斯阿拉莫斯国家实验室参与制造的活雷场试验,由 10 颗智能地雷样品组成的小组可完全有效地对付各种入侵。这些机器人地雷在试验中证实,它们确实可以根据自己的智慧,能动地改变雷场配置。研制专家在它们的存储器中输入了大量可对付敌人各种入侵战术的应对程序。这种机器人地雷可在几秒种的时间内发现雷场破绽并自动修复,可一次移动到10m远的地方,并以最大1m误差的精度占据新的阵地。

雷场动态示意图如图1.11所示:1为开阔地带的地雷分布;2为这些地雷通过相互间的无线电联系组成雷场;3为雷场受到侵犯,部分地雷爆炸后的情形;4为未爆破的地雷测定雷场裸露地段;5为共同决定,需要到什么地方补充什么样的地雷;6为通过跳跃或爬行方式修复雷场。

当然,美军专家也明白,对手可以找到许多对抗智能雷场的方法,但研制者认为,敌人为突破这种动态雷场,将会花费远远超过突破传统雷场的时间和力量。而且使用这种高度机动的地雷,可以促使新型战斗实施方法的出现,以便在比较拥挤的战场、街道甚至封闭空间里高效使用。美军也早就梦想把这种任务交付各种各样的爬行或步行机器人来完成。

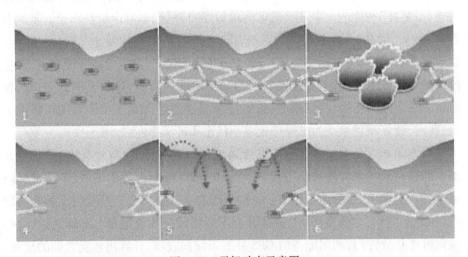

图1.11 雷场动态示意图

2. 我国智能地雷系统的发展方向

智能化是当今武器发展的关键途径,智能地雷将是我军一种重要的新型工程装备,是地雷装备的主要发展方向之一。我国智能地雷系统的研究处于起步阶段,在武器装备方面还是空白。有关院校和研究机构对防坦克和反直升机的智能地雷原理和目标探测、识别与跟踪定位等关键技术已开展过或正在进行研究,并不同程度地获得阶段性成果,具备一定的理论和技术基础。但我国对智能地雷采用实用化技术,尤其是对影响智能地雷作战使用的提高识别率与定位精度的技术研究尚不够深入。

1.3 声探测技术综述

1.3.1 声阵列技术综述

利用声探测技术进行目标识别、定位和跟踪最早见于声呐。地面声探测技术开始于第一次世界大战，此后经发展、完善并得到广泛应用。根据阵列的运动状态，可以将声阵列分为静止声阵列和运动声阵列，静止声阵列是指阵列本身不具有动力装置，并且相对于地面来说是静止的；运动声阵列是指阵列相对于地面来说具有一定的运动状态。国内外相关学者根据声阵列应用的对象不同，分别对静止声阵列和运动声阵列进行了相关的研究[6-8]。目前，无论是静止声阵列还是运动声阵列，国内外针对声阵列采用的技术主要有声压法[9]、声功率法、声强法[10]、声全息法[11-12]等。声压法及声功率法不考虑声信号的方向，在测量中容易受背景噪声和声反射的影响，对环境的要求比较高，一般需在消声或半消声室内进行[13]，常用于声阵列噪声测量中。声强法的创新点在于注意并利用了被丢失的声压相位信息，利用声强的矢量特性，降低了对测量现场声学环境的要求，并能够反映声级的大小、声能的流动方向、主声源的位置、声辐射面声强分布规律等特征，这对于实时观测声信号具有很大的优越性。然而受到声强仪造价的限制，目前声强测试法只能用于单点测量，对于整个辐射面的噪声特性来说，测试完成需要相当长的时间，此外，也无法实现过渡工况或瞬态工况噪声特性的测量[14-15]。声全息法也可以称为声相关法，是通过从传声器阵列中获得的信号到达时差来计算目标所在的方位角和距离，近年来，由于计算机数据处理技术的提高，特别是随着数字信号处理技术的迅速发展，使得该方法在定位跟踪上达到了较好的效果。除上述方法外，文献[16-18]将人工神经网络技术应用到声阵列技术中，可以不直接估计时延值，从而实现对声目标的定位、跟踪。文献[19]将自适应相位计的方法应用到声阵列技术中来实现对声目标的跟踪定位。这些方法可避免时延估计引起的定位误差，具有较高的定位精度。但神经网络的方法需要足够的样本进行训练，往往需要大量敌人的武器噪声样本，实际应用中可能难以满足这种条件。

跟踪声目标的阵列声传感器系统被用于许多领域，如噪声监测、周边安全、军事监测等[20-23]，在大多数应用中，研究人员最感兴趣的是地面行驶的汽车及低空飞行的飞行器等目标所发出的声信号，通过传感器阵列来检测入射声波的方向。

目前大部分的试验研究都集中在地势平坦、开阔及天气晴朗的条件下进行,但是在实际应用中,地势及大气环境的复杂性对阵列的性能有较大的影响。在先前的研究中,主要存以下几个问题:①声阵列尺寸与跟踪精度的关系;②在给定的最优阵列下,DOA 的上限估计精度;③在地形障碍、声信号折射及大气环境复杂的情况中,声阵列性能如何变化。声阵列 DOA 估计技术的发展受益于相关雷达技术[24-25]、声呐技术及地震源估计技术的发展,在这些领域中,阵列孔径远远大于信号波长,如在雷达和声呐应用中,阵列孔径是信号波长的几十到几百倍[26]。在均匀传播的环境中,如果不考虑工程实际应用,通过增加阵列尺寸、提高信噪比、提高分辨率及降低旁瓣的方式来提高 DOA 估计精度。但是由于大气折射的变化、地面植被及人造植物对声信号的散射等原因,这种方法是否适应以地面为基础的声阵列还需要进一步验证[27]。Eller 和 Miller[28]研究了在流动的浅水条件下DOA 波速形成性能的情况,研究表明阵列孔径高达 50 倍波长时,DOA 波速形成性能较好。大多数学者从多源信号的 DOA 方法特性上来研究阵列性能的理论[29],一般采用 CRLB(Cramer Rao Lower Bound)来评价 DOA 估计的精度,Wilson和 Collier[30-31]计算了声波通过随机大气湍流传播时的 CRLB。

声阵列技术还被广泛应用于海洋探测、地形探测、金属探伤、无人监控甚至医学领域,在不透光的环境里声阵列更是具有不可替代的优势,在这些领域都有广泛的应用[32-38]。目前国外声探测技术已发展到第三代,如美国的“被动声定位系统”(PALS)和瑞典的“索拉斯 6”(Soras 6)全自动被动声测系统均能在2~45s 内判定目标,可同时处理 200 个目标,20km 内最大探测误差为 2%[39]。声阵列还被广泛应用于电视会议、机器人、无人监控等方面,如图 1.12 所示,即为两种立体声阵列产品。

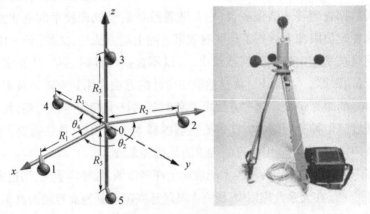

图 1.12　两种声阵列产品

14

目前,根据公开发表的论文及相关资料,国内对于声阵列技术研究的单位主要集中在:西北工业大学、北京理工大学、解放军理工大学、南京理工大学、兵器203所等单位[40-46]。上述单位分别对声阵列的阵形、定向、定距、跟踪以及误差分析等方面进行了不同程度的研究,讨论了直线形阵列、三角形阵列、正四方形阵列、平面圆阵列、立体阵列等,但各自应用背景不同,理论上也存在一些差异。其中南京理工大学对三维运动声阵列的定向理论进行了研究,得到了一些有意义的结论。

1.3.2 运动声阵列技术综述

在飞行的弹体上应用声阵列不但能够识别目标更有利于跟踪目标,尤其是对相对比较离散的目标有更好的跟踪能力。因为其搜索范围大,不用弹体做出螺旋运动,可以不使用减速伞,弹体能够保持较高的飞行速度,这对于跟踪打击具有机动能力的目标有很大的优势。运动声阵列对声目标的定向与跟踪是本书重点内容,国内还未见这方面公开资料。其难点在于声以空气为介质传播,运动声阵列定向不能简单地看作是载体和目标的相对运动,而应分解为载体与空气的相对运动和目标与空气的相对运动。另外,声速较低,弹体速度相对声速不能忽略,对定向定位、跟踪及时延估计都有很严重的影响,建立运动状态下声阵列对目标的定位、跟踪理论是运动声阵列的主要任务,分析各种因素对定向精度、跟踪精度的影响从而提高定向和跟踪精度也是运动声阵列的主要研究内容。

1.3.3 被动声识别技术综述

1. 被动声识别技术应用现状

20世纪80年代以来,传感探测技术、微电子技术、信号处理及计算机技术、人工智能的理论和应用取得了突破性的进展,这为声探测技术应用于对坦克和直升机目标的识别开辟了新的应用前景,也为地雷武器向智能化发展提供了技术依据。声传感器具有被动式、全天候、昼夜工作性能,可进行非瞄准线远距离探测和识别。传感器装置携带方便,便于装备反直升机地雷、反坦克地雷、封锁雷、BAT子弹药等。

在军事上,声探测的应用可以追溯到第一次世界大战以前,由于受到当时电子技术、信号处理技术的限制,难以满足战术技术要求,应用受到很大限制。声探测在军事中的第一个成功应用是声呐系统。声呐利用声波在水中衰减小、速度较快的特点,设计出了大量的主动、被动的声呐系统和海底预警系统,在潜艇探测目标、导航和反潜作战中发挥了巨大的作用。主动式是探测器发出特定形式的声波,并接受目标反射的回波,以发现目标和对其定位。主动式系统主要用于探测水面和水下目标,通常采用超声波。空气中超声波衰减很严重,除了近距离外很少使用。被动式系统直接接收目标发出的声音,可在水中和空气中使用,但易受其他声源的干扰。

由于雷达的优良性能,空气声探测在军事中的应用一直发展缓慢。随着微电子技术、计算机技术、信号处理理论的飞速发展,声测系统、信号处理技术等方面的难题得到解决,重新激起了人们对地面声探测技术的兴趣。目前地面声探测技术的应用主要在两个方面:一方面是警戒与侦察,主要包括对轻型飞机和直升机的远距离警戒、炮位侦察、战场侦察等;另一方面是攻击型武器系统,主要有反坦克智能雷弹、反直升机智能雷弹。

现代智能地雷系统采用被动声与振动探测技术,利用坦克行驶或直升机飞行时产生的噪声和振动信号,实现对目标的自动探测、定位、识别和跟踪。这种声探测技术可以采用全被动声与振动体制,也可采用声/振动、红外/声、红外/振动、红外/毫米波等复合体制,其预警系统和识别定位系统大多都是利用目标的声或振动信号。

美国通用动力公司研制的直升机探测装置,探测阵元为 4 个,该装置功耗小于 75W,靠近噪声源也能正常工作,它能探测识别 20 ~ 30km 处的直升机,信号处理算法采用时域自适应,信号处理器芯片解题能力每秒超过 1 亿次浮点计算,4 个呈椭圆形的麦克风环绕车体分布;Texas 仪器公司研制的反直升机地雷,采用 4 个传声器,利用声信号实现了对直升机目标的识别、定位与跟踪,该雷防御范围为半径 400m,转角 360°,高度 200m 以内的空域。英国 Feranti 公司研制的 PICKET 直升机探测系统,由排列成十字形阵列的若干传声器和一台信号处理器组成,十字阵臂长 4m,每个臂上装有拾声器。该系统采用模式识别方法进行直升机目标识别,它不仅能从背景噪声中识别直升机,而且能分辨出直升机在某个方位上的种类、数量和状态,对直升机的定位采用时延估计方法,探测距离为 5 ~ 6km(悬停直升机),测向误差小于 1°,数据更换率 0.5 次/s,若将 6 套 PICKET 装置在战场上排开,可覆盖 600km² 的面积。德国的一公司研究了一种定向大面积破片型地雷,该雷装有一组带传感器的 204 式引信,引信由声传感器和红外传感器组成,声传感器用于发现低飞的直升机目标,红外传感器用于接近目标起爆战斗部,它能破坏 100m 处的直升机螺旋桨叶片。瑞典 Swetron 公司和军械公司进行了智能地雷的研制。Swetron 公司研制的 HELISEARCH 反直升机地雷,声探测系统由3个传声器排列成三角形结构,臂长1.8m,它能进行全方位搜索,同时跟踪6架直升机目标,探测距离15～20km,测向精度为2°,数据更换率3次/s;军械公司研制的M013,它爆炸射出钨破片,杀伤半径达150m。奥地利Hirtenberger公司研制的HELKIR电子引信,采用声红外复合技术,由声传感器完成直升机目标的识别,而红外探测器和光学系统构成红外传感器系统,完成接近目标和瞄准目标的功能,该雷战斗部采用预制破片杀伤地雷技术。法国Metravib公司研制的PACHEL、以色列研制的AEWS以及俄罗斯等国家研制的反直升机地雷都具有战场侦察、定位、跟踪和识别等综合雷场作战能力。目前,它们的研制已进入实质性型号研制阶段,且部分雷种已装备部队。

目前,国外研制的反直升机地雷,其引信的目标探测和识别系统一般采用复合体制,如声/红外、声/毫米波,也有采用单一声探测体制的,但都无一例外地用到声探测这一技术。在国内,反直升机智能地雷是"九五"期间国家重点预研项目,它是集多种学科于一身的复杂系统。在研制过程中,所涉及的专业较多,需要研究的新问题也较多。

在国内,"九五"期间,南京理工大学,中国兵器工业第203研究所、第212研究所和北京理工大学等部门承担了防直升机和防坦克智能地雷的研究工作。南京理工大学"八五"期间承担了"直升机噪声特性研究""直升机和坦克目标的声探测技术""机动目标的声探测技术"和"近炸引信目标探测与识别"4项国防基金和教委基金课题,已取得阶段性成果。对目标特性分析、目标识别定位方法已做了较为深入的研究,对目标探测技术进行了基础预研,并取得相应的技术成果。随着毫米波技术的发展,南京理工大学进行了毫米波探测直升机探索性的研究,完成了超低空飞行和悬停直升机的探测试验,取得了大量的数据,具有一定的技术储备。

2. 被动声识别技术的发展现状

纵观目标识别发展的历史,可以看出,人们所关心的重点随着科学技术的发展而不断变化。当目标识别理论刚出现时,人们致力于研究器件水平的提高,将实时目标识别作为首要任务。当一些识别算法和识别系统应用于现场识别时,研究者发现,复杂的应用场景给识别结果带来很大的阻力,大约在20世纪80年代,人工智能技术成为研究趋势。后来,外场测试过程中,环境、天气等的变化可能会极大地降低某一种传感器的性能,依赖单一传声器完成识别的效果随之受到影响,因此,多传感器融合处理技术逐渐应用于目标识别。可以预言,随着各种信号处理算法的出现,微电子技术、计算机技术等的发展,目标识别技术还将经历更多的变化。目标识别理论主要包括信号预处理、特征提取与选择、分类器设计三个方面,其流程图如图 1.13 所示。

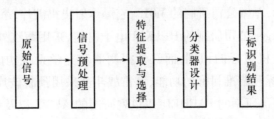

图 1.13　目标识别理论流程图

国内外某些院校和军事单位已在战场环境下典型声目标特征的研究方面做了很多工作,包括其发声机理和声场特性的研究,获得了大量宝贵资料。目标识别理论关键步骤的研究现状如下:

(1)信号预处理。信号预处理是对信号进行降噪算法研究,提出信号中的噪声成分,常用的信号预处理算法有算术平均滤波、中值滤波、低通滤波、高通滤波等;小波变换是一种典型的时频处理算法,自提出后,出现了一系列小波滤波算法,并在各个领域得到了广泛的应用;针对非线性、非平稳信号提出的 EMD 理论也得到国内外学者的关注,相继提出很多经典的 EMD 滤波算法;目前在战场被动声识别中应用最多的仍为小波滤波。

(2)特征提取与选择。特征提取是指从信号中提取出有效的时域、频域、时频域等特征,传统的时域特征如信号的幅值、过零点等在工程上得到了应用,但其稳定性不足,频域特征如瞬时频率、频谱参数等大都只对线性平稳信号有效,基于小波变换的小波系数、小波包能量等时频域特征也得到广泛研究,除此之外,信号的混沌、分形等非线性特征也是目前研究的方向之一;特征选择是在保证分类效果的前提下,压缩特征向量的维数,常用的有顺序前进法、最优组合法、最优搜索法、遗传算法、模拟退火算法等。

(3)分类器设计。分类器设计亦是目标识别的关键技术。常用的分类器有近邻法最小距离分类器、层次聚类分类器、穷举法分类器、人工神经网络分类器(如 BP 神经网络、径向基函数、自组织神经网络)、模糊分类器(如模糊神经网络)、贝叶斯分类器和支持向量机等。近年来,神经网络分类器、支持向量机等在战场声识别领域得到了广泛的关注和运用,不少学者在信号的分类与识别方面做出了努力,并在已有模型的基础上进行改进,使得模型的应用更加广泛。

以上各种信号理论和算法并不是独立的,单纯的一种算法很难在各种环境下都具备很高的性能,实际系统中更多的是它们相互之间的融合。

随着电子技术的快速发展、各种信息理论的进步,多种多样的传声器系统被应用于目标识别,即使同一型号的传声器,由于信号形式、处理方式的不同,提取的目标特征信号也不同,更进一步,基于同一传声器不同识别方法对应于不同目标特征信号。识别系统所处的环境处于动态变换过程中,从传声器获取的目标信号水平因目标自身的运动状态不同而不同,外界环境干扰也混杂在目标声信号内部,要准确描述识别系统所处的战场环境很困难。

　　目前,战场声识别技术面临的主要困难有:

　　(1)复杂性。在试验过程中,目标所处的自然环境的复杂性,极大地增加了目标识别的难度;识别系统采用的理论与算法越复杂,系统的工作机制越复杂;目标识别系统时刻处于变化之中,不受人为控制,研究者难以"任意调节"与识别过程有关的外界条件按照理想情况来测试,然而,识别过程中又必须考虑识别系统所处条件的相对难易程度。

　　(2)获取目标信号的有限性。理论水平的局限和技术水平的限制,导致现在识别系统使用的目标信号有限,待识别目标没有丰富的信号可供挖掘。例如,采集得到的运动声目标信号包含有目标运动的特性,目前尚未得到充分利用。

　　(3)目标特征的条件敏感性。试验系统中的很多目标特征都是在特定目标运动特性或环境特性下得到的,实际上很难囊括所有运动特性与环境特性下同种目标特征,因此,实验过程中,若特征对于某种外界特性较敏感,会给识别系统带来很大的难度。

　　(4)非单一目标存在的问题。战场环境下,很多时候识别系统获取的目标声信号源于多个目标信号或目标与环境,在处理过程中必须将不同目标对应的分量分离以获取准确而有效的目标信号,这一过程是非常困难的。

　　目前对于声识别系统效果的判断由目标识别率决定,采用的研究方法大都是通过外场测试得到不同目标的信号,通过计算机仿真和硬件识别系统两种方式得到识别结果。目标识别率作为一个硬性指标直接决定识别系统的性能,然而识别率也会因测试样本的容量、测试结果的置信度而略有差异。另外对战场声识别系统而言,误判和不能识别也是考察识别系统的重要参量。

1.3.4　被动声定位技术综述

　　基于国内外对静止声阵列技术研究成果,统一条件下对比了各种阵形定向能力,便于研究阵形结构对定位的影响,指出声阵列定位的一些基本性质(包括分析不能精确定距的原因,因而运动声阵列仅考虑定向),并力求找出最适合运动声阵列使用的阵形以及各种因素对声阵列定位精度影响的具体关系,从而为系统而科学地研究运动声阵列定向扫清障碍,同时也为声阵列技术的进一步发展奠定基础。

时延估计是被动声定位中的关键技术,接收系统在一定情况下,时延估计的性能直接影响被动定位的精度。时延估计也是数字信号处理领域中一个十分活跃的研究课题,广泛应用于声呐、雷达、语音信号处理等领域中。近年来,随着信号处理技术的发展,提出了很多的时延估计方法,这些方法可以分为广义互相关法(GCC)、互功率相位谱法、多点内插法、FIR 模型参量估计法、LMS 自适应滤波法和特征结构法。这些方法中,自适应算法具有无须或仅需较少有关输入信号和噪声的先验知识,适用于跟踪动态目标和变化的环境等优点。基于快速傅里叶变换(FFT)和离散余弦变换(DCT)等变换域的自适应滤波算法近年来也引起了很大的关注。基于频域自适应滤波的时延估计算法由于采用 FFT 以频域相乘代替时域卷积而使计算量降低,在输入相关矩阵的特征值有大的离散分布时,频域实现较之时域实现能大大加速自适应收敛速率。考虑到被动声定位的工程实际情况,一般采样较低频率。Jae Chon Lee 采用了频域自适应时延估计算法以避免时域实现时的插值运算。为了提高时延估计的性能,书中基于频域自适应时延估计提出了一种改进时延估计精度的方法,用实测直升机噪声数据进行了动态仿真,验证了算法的有效性。首次提出了完全不用主观设定参数的基于经验模式分解的多尺度自适应时延估计技术,针对多尺度分解后形成的多尺度时延值不相等问题,提出一种时延矢量匹配准则,该准则自适应的选择出正确时延值,该方法从原理上保留了信号中的高频成分是提高时延精度的关键,具有精度高、稳定性好的特点,并能够放宽对信号的要求:可以处理非平稳信号、允许信号中含有相关性噪声、不需要信号的先验信息,是对多个传声器之间的时延估计技术的一项突破。

1.3.5　被动声跟踪技术综述

三维运动声阵列对声目标跟踪理论研究涉及声学工程、智能信号处理、现代经典控制理论以及精确导航、制导等多个领域,对该理论和方法的研究具有重要的现实意义。然而,在声目标跟踪过程中,由于目标自身特性或是环境背景的变化而出现跟踪性能降低或是跟踪丢失等问题,给三维运动声阵列的声目标跟踪带来较大困难。图 1.14 所示为运动声阵列对单声目标跟踪原理框图。

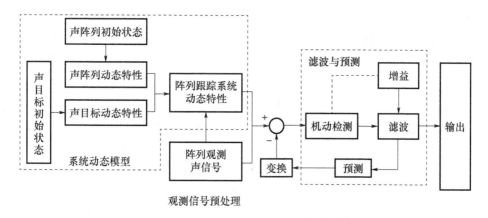

图 1.14 运动声阵列对单声目标跟踪原理框图

图 1.14 中声阵列及声目标动态特性分别指运动声阵列或是声目标的位置、速度和加速度,两者的动态特性构成阵列跟踪系统的动态特性,也可称为系统动态模型。对于单声目标跟踪来说,首先由跟踪系统动态模型及观测信号得到声目标在特定坐标系下的观测信号,对观测信号进行处理得到目标的运动状态(位置、速度、加速度),根据观测信号机状态预测量所构成的残差的变化进行目标机动检测,之后按照某种准则调节滤波增益与协方差,最后由相应的滤波算法得到目标的状态估计值和预测值,从而完成对单声目标跟踪目的。根据上述分析可知,运动声阵列对单声目标跟踪的基本要素主要包括:观测数据形成与处理、目标模型、机动检测、滤波与预测以及跟踪坐标系的选择。上述基本要素分别从三个方面来概括运动声阵列跟踪理论的关键技术,即观测信号预处理技术、跟踪系统动态模型、跟踪滤波与预测。因此,下面对上述三个关键技术进行综述。

1. 观测信号预处理技术研究现状

从单机动目标跟踪基本要素来说,观测信号预处理也可以称为测量数据形成与处理。在战场环境中,观测声信号常常包含仪器噪声、环境噪声以及信道噪声等,因此为了提高对目标状态估计精度,通常采用信号预处理技术以提高信噪比,即对观测声信号进行"去噪"处理。根据观测信号处理算法不同,观测信号预处理技术主要分为时间域、变换域和空间域三类。

1)时间域观测信号预处理技术

在战场环境中,某些声信号具有短时平稳性,因此,可以采用时域滤波技术来抑制这类信号的干扰,提高观测信号的信噪比。如传统的时域差分法[47-49]

21

根据相邻时间采样之间的差别,采用无限冲击响应滤波器(IIR)或有限冲击响应滤波器(FIR)来抑制当前采样时刻的环境噪声。文献[50]、[51]提出基于三阶累积量的环境噪声抑制算法,假设相邻时间采样的变化量为零,将目标信号看做一种非高斯弱瞬态信号,通过构造三阶累积量对环境噪声进行抑制。文献[52]提出了相邻时间采样之间非线性滤波算法,该算法首先选择合适的滤波模板,然后在邻域模板取定的邻域范围内寻找与当前信号最为接近的信号,并将两者的差值绝对值作为滤波结果。文献[53]、[54]、[55]提出了基于点估计的多个相邻时间采样时间域集成检测算法,该类算法首先对信号进行配准,然后将信号沿时间轴方向进行投影累加,以抑制环境背景噪声、提高信号的信噪比。时间域观测信号预处理技术一般需要假定环境背景噪声在时间维上相对稳定,这要求在进行时间域滤波前,首先估计全局运动参数以对环境背景信号进行配准,该过程不仅增加了算法的运算量,而且对于非平稳快速变化的环境背景,由于很难准确估计全局运动参数,从而影响了环境背景噪声抑制的效果。另一方面,由于需要对三维信号进行处理,这类算法的运算量和所需的存储数据量一般较大。因此,时间域观测信号预处理算法主要用于对相邻时间采样之间相对稳定的环境背景噪声进行抑制,而对复杂环境背景噪声的抑制效果不够理想。

2)变换域观测信号预处理技术

变换域观测信号预处理技术首先对信号进行变换,将目标信号和环境背景噪声的空间域分布特征映射至变换域后再进行处理,最后将处理结果通过反变换映射到空间域。频域处理技术(傅里叶变换[56])是最为典型的变换域预处理技术。B. Porat 等人[57]设计了基于方向滤波器组的频域信号预处理算法,然而,由于需要假设环境背景噪声是高斯白色过程,因而该算法在很多应用场合难以满足要求;Yang Yong 等人[58]将 Butterworth 高通滤波器用于观测信号的预处理技术中,并根据环境背景噪声的复杂程度自适应地调整高通滤波器的截止频率,该算法省略了对环境背景噪声做高斯白色的假设,但是算法结构复杂,运算量较大;T. Thayaparan[59]提出基于快速傅里叶变换(FFT)的观测信号预处理算法,在提高频域算法的实时性上取得了一定的效果。总而言之,当观测信号的信噪比很低,也就是环境噪声与目标声信号接近时,将会形成目标信号与环境背景噪声的混叠,从而影响频域处理算法的效果,因此,频域预处理技术不适宜做低信噪比的观测信号的预处理。小波变换[60-61]具有多尺度时频特性分析能力,在信号预处理中取得了较好效果,P. Cassent 等人[62]首次采用了小波变换方法对弱小目标信号进行了预处理,为观测信号预处理技术提供了一种新的思路;R. N. Strickland 等人[63]利用双正交小波变换的方法实现了抑制具有马尔可夫特性的环境噪声背景;D. Daviesy 等人[64]提出了基于小波变换的信号预处理算法,用于三维背景下的信号预处理;Sun Yuqiu 等人[65]提出了基于小波变换的三维环境背景信号预处理技术。综合而言,基于小波变换的信号预处理算法的性能主要取决于小波基的选择、信号分解层数的确定以及重构信号的阀值。

除了以上算法外,文献[66]通过 Fukunaga - Koontz 核变换提取信号的高阶统计特征,来实现抑制环境背景噪声、增强目标信号的目的;文献[67]首先对信号进行二维通用 S 变换(2 - D Generalized S - transform),然后在变换域内计算非零频率成分,以此获得各点的环境背景噪声信息,由于在运算过程中,变换域观测信号预处理算法存在空域或时域与变换域之间的正逆变换,因此这类算法的运算量一般较大,实时实现的难度较大。

3)空间域观测信号预处理技术

时间域和变换域观测信号预处理技术存在计算量大的缺点,空间域信号预处理算法具有较好的实时性,也易于用硬件实时实现,从而在工程应用中占据重要的地位[68-69]。中值滤波算法[70-71]作为典型的空域信号预处理算法,能够在消除随机噪声的同时有效地保持目标信号,滤波稳定性较好[72]。然而,受本身结构的限制,它只能消除脉冲宽度小于滤波窗口的随机噪声。Top - hat 算法[73]是一种实用的非线性信号预测技术,其滤波效果优于中值滤波法,但是该算法需要预先知道信号的先验知识,因而其自适应性不强。为了增强算法自适应性,有关学者将自适应滤波技术引入信号预处理的研究,如二维最小均方误差滤波器(TDLMS)[74]、最小均方支持向量机(LS - SVM)[75]、自适应格形滤波器[76-77]等。这类算法根据环境背景噪声在邻域内的相关性对其进行预测,并根据预测结果与实际信息之间的误差自适应地调节滤波器自身参数,然后通过比较预测信号与原始信号来实现环境背景噪声的抑制。这些自适应算法不需要信号的先验知识,而且结构简单,其缺点是要求环境背景噪声的统计特性是稳定的或缓慢变化的,这些对该算法的实际应用是一个限制。

三维运动声阵列观测系统是由 4 个声传感器组成的声阵列,属于多传感器观测范围。此外,在观测信号中包含着目标状态信息,并且声目标在不同的运动状态下辐射的声信号不同,通过对观测声信号预处理可以得到目标在不同运动状态下的细节信号,从而为目标机动检测和辨识提供理论依据。本书在观测信号预处理技术上,首先对战场环境下的干扰信号进行分析,在阵列多传感器观测信号预处理方法中,采用正交小波多尺度观测信号预处理算法,属于变换域观测信号预处理技术的一种。在单传感器观测信号预处理方法中,基于 EMD 理论,分析 IMF 频谱特性,结合典型声目标声信号特性,对观测信号进行预处理,该方法属于时间域观测信号预处理技术的一种。

2. 跟踪系统动态模型研究现状

动态模型是跟踪系统的基本要素之一,也是一个关键而又棘手的问题,其包括两个方面:一个是观测系统的观测模型,另一个是跟踪系统的状态模型。在建立目标运动模型时,一般的原则是所建立的运动模型既要符合目标运动实际,又要便于数学处理。近 30 年来,国内外就机动目标的动态模型问题进行了许多研究,取得了一些有益的结果,其具有代表性的主要有以下几个。

(1)CV 模型和 CA 模型。CV[78](Constant Velocity)模型,即二阶常速度模型,假设目标作匀速运动,目标的机动加速度服从均值为零、方差为 σ^2 的高斯白噪声分布。CA[79](Constant Acceleration)模型,即三阶常加速度模型,它假设目标作匀加速运动,目标的机动加速度为常数,机动加速度的一阶导数服从均值为零、方差为 σ^2 的高斯白噪声分布。这两个模型都比较简单和具体,对于三维运动声阵列跟踪系统来说,二维声目标的机动是多变的和复杂的,因此,这两个模型较难适应复杂机动情况下目标的跟踪。

(2)辛格模型。Singer[80] 于 1970 年提出了目标机动加速度的一阶时间相关模型,即辛格(Singer)模型。辛格模型用有色噪声来描述目标的机动加速度,它假定机动加速度为一个平稳的时间相关随机过程,其统计特性服从均值为零、方差为 σ^2 的均匀分布。该有色噪声经过白化后,目标的机动加速度可用输入为白噪声的一阶时间相关模型来表示。辛格模型实质上是加速度均值为零的一阶时间相关随机模型。多年来,辛格模型一直受到重视,其主要原因是它采用了比白噪声更切合实际的色噪声来描述目标的机动加速度。在目标机动不太大的情况下,辛格模型具有良好的跟踪效果,但对于突变机动和强烈机动,采用该模型会引起较大的模型误差,很难给出满意的效果,甚至会出现目标失踪现象。

(3)半马尔可夫模型。辛格的这种零均值一阶时间相关随机模型对于描述机动目标来说不尽合理,因此,Moose 等人[81-83]提出了具有随机开关均值的相关高斯噪声模型,该模型把机动看作相应于半马尔可夫过程描述的一系列有限指令,该指令由马尔可夫过程的转移概率来确定,转移时间为随机变量。该模型与辛格模型的主要区别在于半马尔可夫模型中引入了非零的加速度。其缺点是为了保证过程的收敛,需要大量预先确定的平均值,使计算变得复杂化。

(4)当前统计模型。我国学者周宏仁在 20 世纪 80 年代初提出的机动目标当前统计模型[84]中指出,在一个确定的战术场合下,更令人关心的是机动目标的当前统计状态。机动目标当前统计模型在本质上仍然是非零均值时间相关模型,其机动加速度的"当前"概率密度用修正的瑞利分布描述,均值为当前加速度的预测值,随机机动加速度在时间轴上仍符合一阶时间相关过程。由于该模型采用非零均值和修正的瑞利分布表征目标的机动加速度特性,因而更加切合实际。但是该模型需要对目标机动加速度范围进行预先设定。

(5)交互式多模型。1984 年,H. A. P. Blom[85]首先提出了交互式多模型 IMM(Interacting Multiple Model)算法,其后,由 Blom 和 Yaakov 等人[86,87]合作完成了理论上较为完整的 IMM 算法。IMM 算法用马尔可夫链过程描述模型间的转换,同时导出卡尔曼滤波输入输出均加权的交互式算法。在 IMM 算法中,被跟踪目标用一个由多个有限模型集组成的混合系统来描述,多个模型一起工作,用各个模型的后验概率对滤波器的输入和输出均进行加权计算,这不仅可以使得算法中的在线模型尽量接近目标实际运动的状况,而且可以保证每一采样周期系统中所有滤波器的输入与系统实际状态相吻合,使系统中的滤波器不至于发散。在 IMM 算法中,模型集的选择是一个首先要解决的问题,从理论上讲,若能建立目标所有可能运动类型的模型,那么应该得到目标运动状态的最佳估计,但这是不可能的。实践证明,通常可以用几个典型的运动类型来近似描述目标的运动特性。IMM 算法不需要机动检测,同时能达到全面自适应能力,因此,近年来该算法被大量应用。交互式多模型算法是跟踪强机动目标的一种效果较好的目标运动模型,近年来,在提高 IMM 算法的跟踪精度和减少 IMM 算法的计算量等方面进行了大量研究[88-92],提出了常增益交互式多模型算法、强跟踪交互式多模型算法、参数自适应交互式多模型算法以及两级交互式多模型算法等 IMM 算法。

3. 跟踪滤波与预测研究现状

声目标跟踪问题实际上就是声目标状态的跟踪滤波与预测问题,即由阵列声传感器观测得到目标声信号,根据相应的跟踪滤波与预测算法,实现对声目标状态的精确估计[93-97],它是军事和民用跟踪领域中的一个基本问题。综合国内外对于跟踪滤波与预测的研究,可以分为以下两个方面。

1)线性跟踪系统的滤波与预测

20 世纪 40 年代,K. S. Vastola,H. V. Poor 介绍了 Kolmogorov 和 Wiener 等提

出了平稳随机过程的最优线性滤波问题,首先实现了动态估计,其主要就是通过 Wiener – Hopf 方程求出滤波器的最优传递函数[98]。这种最优线性滤波,通常称为维纳滤波(Wiener Filtering)。维纳滤波具有完整的滤波器传递函数的解析解,并可以估计与有效信号有关的多种信息。但维纳滤波要求被估计量和量测必须是平稳的随机过程,且它是根据整个区间上的数据得出滤波结果的,使用计算机求解时,需要存储和处理大量数据,在时空利用上都不合理。即使对平稳随机过程,Wiener – Hopf 方程的求解也不容易,求出的是滤波器传递函数,工程上不易实现。由于这些不足,维纳滤波理论在工程上的应用受到很大的限制。

针对维纳滤波在应用上的缺点,卡尔曼滤波算法提供了比较好的解决办法[99-101]。卡尔曼滤波采用目标的状态空间描述方法,能方便地引入模型的过程噪声,从而不需要待估计的状态在数据的采样期间保持常数。1961 年,卡尔曼将这一滤波方法推广到连续系统[102]。卡尔曼滤波不要求计算机存储所有历史数据,只要根据当前观测数据和前一时刻的估计,按递推方式算出新的估计值,大大减少了计算机的存储量和计算量,降低了对计算机的要求,便于实时处理。同时,卡尔曼滤波也适用于非平稳过程和时变动态系统的估计。在卡尔曼滤波的基础上,针对确定系统,Gustafson 于 1964 年首次提出状态观测器的概念[103]。Luenberger 指出:观测器本身也是一个动态系统,其作用是根据可以获得的输出重构状态向量。由于该观测器设计比较简单并且具有指定的性能,因而也获得了广泛应用,并已成为现代控制理论的一个重要组成部分。

卡尔曼滤波一般需要比较苛刻的条件,如噪声的白色性,模型噪声与量测噪声的独立性等。不仅如此,卡尔曼滤波对初值的敏感性也是相当高的。为了放松对这些条件的依赖性以及从减轻计算负担等角度考虑,很多学者又提出了许多改进的卡尔曼滤波算法。Bar – Shalom 认为当数据的概率分布具有"长拖尾"现象时,使用最大似然估计(MLE)[104,105]要远比最小方差估计的精度高[106]。因此,在跟踪过程中,数据关联不准确,或者量测数据出现强烈色噪声时,可以考虑使用基于最大似然估计的方法来估计目标的状态。传统的最大似然估计是一种批处理算法,因此往往出现机动检测的滞后现象。Moose 给出了一种实时最大似然估计算法,目标机动和非机动能被实时地检测出来,而在这两种状态之间切换时,前一状态可以为后一状态提供有效初始值[107]。

2)非线性跟踪系统的滤波与预测

在实际情况下机动目标跟踪问题具有非线性,从而针对非线性系统的状态估计无论在理论上还是在工程中都十分重要。即使对于线性系统,当需要同时估计状态与参数时,也会出现非线性滤波的问题。从 20 世纪 70 年代起,非线性系统的状态估计理论得到了很大发展[108-109]。扩展卡尔曼滤波器是线性系统卡尔曼滤波器在非线性系统中的一种直接的推广,它是基于非线性对象的近似线性化模型进行设计的。扩展卡尔曼滤波器是研究和应用最多的非线性系统状态估计方法之一,许多经典文献均对扩展卡尔曼滤波器进行了详细论述[110-111]。Reif 等对离散时间和连续时间扩展卡尔曼滤波器的随机稳定性进行了分析并证明:当系统符合可观测条件以及初始估计误差和干扰足够小时,扩展卡尔曼滤波器的估计误差有界[112]。这一结果,在一定程度上保证了扩展卡尔曼滤波器的可用性。扩展卡尔曼滤波器的主要缺点是鲁棒性比较差和计算量相对较大,当模型参数与过程参数存在较大差异时,扩展卡尔曼滤波器的估计精度会大大下降,甚至发散。此外,扩展卡尔曼滤波器在系统达到平稳状态时,将丧失对突变状态的跟踪能力。为了克服卡尔曼滤波器的缺点,人们又提出了迭代卡尔曼滤波器、二阶卡尔曼滤波器、最强跟踪状态估计与群集辨识小方差滤波器以及固定增益扩展卡尔曼滤波器等多种改进方法[113-114]。与对非线性函数的近似相比,对高斯分布的近似要简单得多。基于这种思想,Julier 和 Uhlmann 提出了 UKF 方法[115]。UKF 方法直接使用系统的非线性模型,不像 EKF 方法那样需要对非线性系统线性化,也不需要如一些二次滤波方法那样计算 Jacobian 或者 Hessians 矩阵,且具有和 EKF 相同的算法结构。对于线性系统,UKF 和 EKF 具有同样的估计性能,但对于非线性系统,UKF 方法则可以得到更好的估计。Wan 和 Merwe 将 UKF 方法引入到非线性模型的参数估计和双估计中[116-117],并提出了 UKF 方法的方根滤波算法,该算法不仅可以确保滤波的计算稳定,而且大大减少了实际的计算量。UKF 方法还作为粒子滤波中一个较好的重点分布生成算法被应用于粒子滤波。以上研究均表明,当系统具有非线性特性时,UKF 方法与传统的 EKF 方法相比,对系统状态的估计精度均有不同程度的提高。

随着计算机计算能力的快速增长和计算成本的不断降低,基于 Monte Carlo 方法的粒子滤波已经成为研究非线性、非高斯动态系统最优估计问题的一个热点和有效方法。粒子滤波属于状态估计中的 Bayesian 类方法,它的基本思想是通过一个由粒子组成的粒子系统,而不是状态空间中的函数来表示状态变量的概率密度函数。当粒子的数目足够大时,粒子系统可以足够精确地描述状态的概率密度函数。粒子滤波的优点是不需要线性和高斯噪声等假设,可以应用于任何状态和量测模型,且适合于并行化计算,缺点是计算量比较大[118]。之后各种不同的改进使得粒子滤波方法得以大大发展。为了获得更好的重要密度函数,学者们先后提出了辅助粒子滤波方法、扩展卡尔曼粒子滤波方法、UPF 方法等一系列有效的方法[119-121]。为了解决再采样带来的粒子耗尽问题,又进一步在粒子滤波中引入了马尔科夫链·蒙特卡罗移动步骤[122-123]。同时随着密度估计理论的发展,使用连续密度进行再采样的正则粒子滤波方法也相继被提出[124-126]。Doucet 和 Andrieu 提出了 Rao – Blackwellized 边沿化算法[127],该算法大大减少了线性、非线性混合系统中的粒子数目,使得实时粒子滤波方法成为可能。基于 SIR 粒子滤波算法,很多学者研究了粒子滤波的收敛性问题,Crisan 和 Doueet 从应用的角度总结了关于粒子滤波收敛性的已有成果[128],证明了粒子滤波中由粒子构成的经验分布对真实分布情况的肯定,给出了一个均方差渐进收敛到零的充分条件,并讨论了可以保证在时间上一致收敛的几个条件。目前粒子滤波已被广泛应用于目标跟踪领域。

4. 角跟踪技术

本书研究的角跟踪是指利用仅有的目标角度信息序列对目标运动状态参数的估计,包括距离、速度、加速度等参数。目前国内外对该方面的研究都是基于角度信息无误差,研究在角度信息有误差时如何进行角跟踪就很有必要。结合 BAT 子弹药对目标跟踪要求研究角度信息有误差条件下三维运动平台(弹体)对二维(地面)机动目标跟踪问题,给出可跟踪的充分条件,满足战斗部对目标距离的要求,也为优化 BAT 跟踪路径提供理论依据。

1.4　本书目标及关键问题

1.4.1　研究目标

以智能反坦克子弹药的应用为背景,开展三维运动声阵列对二维声目标跟踪理论研究。本书目标如下:

(1)以二维单声目标为研究对象,建立三维运动声阵列跟踪系统动态模型研究,给出跟踪观测系统最佳布局,得到针对强干扰、多反射、多杂声波条件下的观测信号预处理方法,分别提出基于高斯线性、高斯非线性、非高斯非线性三种状态的运动声阵列跟踪系统跟踪滤波与预测算法;

(2)以二维双点声目标为研究对象,给出三维运动声阵列对双点声源角跟踪的指向性能,建立评价双点声源辐射的角跟踪评价指标。

1.4.2 关键问题

(1)三维运动声阵列跟踪系统动态模型研究。声信号是以空气为介质传播,空气是一种非均匀介质,从而导致声信号在传播过程中出现反射、折射、散射等现象,同时由于大气中的风速、温度、气压等自然因素的影响,使得声信号的传播速率也发生了改变。此外,声目标以及声阵列的运动,从而使得跟踪系统对声信号的观测存在多普勒效应。因此,如何在综合考虑空气介质的非均匀性、声速、温度、气压以及多普勒效应的影响下建立声阵列跟踪系统动态数学模型是决定跟踪滤波与预测有效、可靠的关键。

(2)观测信号预处理技术研究。三维运动声阵列在战场环境中,观测到的声信号一般为非线性、非稳态声信号,并且常常包含仪器噪声、环境噪声以及信道噪声等,如何根据跟踪环境的变化,特别是在复杂环境中实现对目标信号的有效观测是有效跟踪的前提和关键。

(3)三维运动声阵列跟踪系统滤波与预测算法研究。运动声阵列对声目标的跟踪问题从本质上来说是一类非线性、非高斯问题,如何从传统的线性、高斯滤波算法中实现对目标状态的估计,或是如何突破传统的非线性、非高斯问题,解决跟踪上的非线性、非高斯问题是跟踪得以有效、稳定的关键。

(4)多声源干扰。运动声阵列的应用环境具有多声源,如何在多声源干扰下,实现对声目标的有效跟踪和打击,是决定运功声阵列实际应用的关键。

1.5 本书概貌及主要成果

1.5.1 本书概貌

本书以理论为主,同时根据理论成果开展计算机仿真及半实物仿真试验,以此验证相关的理论研究成果,基本的思路为:理论基础研究——计算机仿真——理论基础研究——计算机仿真——半实物试验——理论基础研究。具体的内容及结构安排如下。

第1章绪论:阐述本书研究的目的和意义;概述声阵列探测系统的应用情况、声探测技术综述等;给出本书的研究目标,指出本书研究的关键问题;给出了本书的主要内容、取得的主要成果并对全书结构进行安排。

第2章三维运动声阵列跟踪系统动态模型研究:本章以典型二维声目标声

信号产生机理及特性为基础,分析二维声目标的声源特性,探讨声信号在大气中的反射、折射、透射、散射、声信号的衰减以及声信号传播的多普勒效应,得到声信号以空气为介质的传播模型,认清三维运动声阵列跟踪环境的物理现象,结合书中探讨问题的实际环境,给出三维运动声阵列跟踪系统动态模型的基本假设。以基本假设为依据,分析声信号随高度、温度变化的关系,建立三维运动声阵列跟踪系统的观测模型及状态模型。

第3章三维运动声阵列跟踪测量系统最佳布局:本章对由平面四元声阵列组成的跟踪测量系统的阵元布局进行研究,以二维目标的位置几何精度衰减因子函数最优为目标,对平面四元声阵列跟踪测量系统布局的位置坐标进行解算,分析布局精度,得到三维运动声阵列跟踪测量系统的理论最佳布局;通过静态半实物仿真试验,进行验证。结合实际的工程应用,给出三维运动声阵列跟踪测量阵元的工程最优布局,为运动声阵列应用于声目标跟踪奠定基础。

第4章三维运动声阵列观测信号预处理技术:本章首先对战场环境下的干扰信号进行了分析,在阵列多传感器观测信号预处理方法中,提出正交小波多尺度观测信号预处理算法,并通过"静态"及"动态"半实物仿真试验进行验证研究;而在单通道观测信号预处理方法中,基于EMD理论,分析IMF频谱特性,结合研究的典型声目标声信号特性,对观测信号进行预处理,采用相同的信号进行分析,验证了该算法的有效性。此外,提出一种针对信号几何窗口的变量——"当前"平均改变能量(Current Average Change Energy,CACE),利用该变量推导基于当前平均改变能量的机动检测算法,将当前机动改变能量调制到CACE上,得到当前平均改变能量机动准则。最后设计一种基于Matlab的声信号预处理软件。

第5章三维运动声阵列跟踪滤波算法:本章根据运动声阵列跟踪系统的动态模型,分别从三个方面研究三维运动声阵列对二维声目标的跟踪滤波算法。

(1)基于线性、高斯系统假设下的跟踪滤波算法研究。首先介绍传统的线性系统滤波状态估计算法,即卡尔曼滤波算法,基于卡尔曼滤波算法提出多尺度贯序式卡尔曼滤波的运动声阵列跟踪算法(MSBKF),Matlab仿真分析该算法的跟踪性能,针对跟踪滤波与预测实时性问题,提出运动阵列的CACEMD – VDAKF跟踪算法,通过算法仿真,验证CACEMD – VDAKF提出的算法的有效性。

(2)基于非线性、高斯系统假设下的跟踪滤波算法研究。首先阐述传统的非线性系统滤波算法,即扩展卡尔曼滤波(EKF),分析EKF滤波的偏差,提出基于无迹粒子滤波的自适应交互多模型运动声阵列跟踪算法（AIMMUPF - MR），通过算法仿真，验证 AIMMUPF - MR 算法在跟踪精度、稳定性及实时性上的有效性。

（3）基于非线性、非高斯系统假设下的跟踪滤波算法研究。针对非线性、非高斯跟踪系统的状态滤波与预测问题，基于粒子滤波提出确定性核粒子群的粒子滤波跟踪算法（DCPS - PF），推导该算法的理论误差性能下界（Cramér Rao Low Bound，CRLB），与传统的粒子滤波算法相比，仿真结果表明本书中提出算法的有效性和优越性。

第 6 章二维有限机动目标的跟踪研究：本章主要研究 BAT 子弹药在稳态飞行过程中对目标进行角跟踪问题，即三维运动声阵列对二维运动目标定向及角跟踪问题。其中，角跟踪是指利用仅有的声阵列估计的目标角度信息序列对地面目标距离进行估计，从而获得完整的目标方位信息，并在此基础上进一步估计目标运动状态，以提高跟踪精度，研究多尺度贯序卡尔曼滤波算法在被动角跟踪中的应用，利用其多尺度分析能力和实时递推算法来提高跟踪精度。通过理论分析和有效的仿真方法来研究 BAT 对目标跟踪的充分条件及对定向精度的要求，为发展角跟踪理论和设计 BAT 探测、跟踪系统奠定基础。

第 7 章三维运动声阵列对双点声源角跟踪指向性能研究：本章以多点声源干扰的基本原理为基础，分别从两个方面研究三维运动声阵列在双点声源复合作用下的角跟踪指向性能：一方面通过建立运动声阵列在双点声源下的角度跟踪指向性能数学模型，分析运动声阵列在点声源干扰时的角度跟踪性能；另一方面建立评价等功率两点声源辐射的角度跟踪评价指标。

第 8 章结束语：对全书的研究内容进行总结，并对书中的创新点进行阐述，给出进一步研究的方向。

1.5.2　主要成果

通过三维运动声阵列声目标跟踪理论的研究，全书的主要成果可以概括如下："一个模型""三个指标准则""四个算法"。

1)"一个模型"

"一个模型"即运动声阵列在双点声源下角度跟踪指向性能数学模型。根据多点声源干扰的基本原理，建立了包含干扰声信号与真实声目标辐射的声信号的频率值比、声压幅值比以及两声源的相位差三个指标变量的角度跟踪指向性能数学模型，并得到了如下结论：在同频率的双点声源跟踪中，声强是影响运动声阵列角度跟踪指向的主要因素,两点声源相位角的变化被包含在了频率值比的变化之内,同时也说明了两声源目标相位角的变化与频率值比的变化是相互关联的,不是两个独立的影响因素。

2)"三个指标准则"

(1)提出了一种度量四元三维运动声阵列跟踪观测系统测量精度的指标准则,即 PDOPF,且阵列观测系统的 PDOPF 值越高,阵列的方位观测精度越低。以二维目标的位置几何精度衰减因子函数最优为目标,对平面四元声阵列跟踪测量系统布局的位置坐标进行解算,分析布局精度,计算各种布局下的 PDOPF 值,得到三维运动声阵列跟踪测量系统的理论最佳布局,并通过静态半实物仿真试验进行验证。

(2)提出基于当前平均改变能量(CACE)的机动辨识准则。以观测信号的能量为基准,提出一种针对信号几何窗口的变量——"当前"平均改变能量($\Delta P(k)$),给出该变量的定义及相关性质,并对重要性质进行数学证明。以该变量为基础,提出基于"当前"平均改变能量的机动检测算法,将当前机动改变能量 $W(k)$ 调制到 $\Delta P(k)$ 上,得到当前平均改变能量机动准则,即:当 $R_{\Delta P'(k),W(k)}(k) > E[W^2(k)]/2$ 时,机动发生;当 $R_{\Delta P'(k),W(k)}(k) < E[W^2(k)]/2$ 时,机动消除。

(3)提出包含运动声阵列的飞行速度、侧向过载、战斗部有效毁伤半径、运动声阵列的弹道倾角及两点声源对声阵列张角等参数的角度干扰指标,即 BO-DI,将其作为三维运动声阵列角度跟踪指向性能评价指标。

3)"四个算法"

(1)针对线性、高斯系统假设下的三维运动声阵列跟踪系统,提出基于多尺度贯序式卡尔曼滤波的运动声阵列跟踪算法(MSBKF)。该算法将运动声阵列跟踪系统的动态模型转化为块的形式,利用小波变换把状态块分解到不同尺度上,并在时域和频率上建立测量与相应尺度上状态的关系,采取卡尔曼滤波器递推思想来实现运动声阵列的多尺度贯序式卡尔曼滤波算法,根据最小二乘误差估计理论推导运动声阵列跟踪系统在球坐标系和笛卡儿坐标系下的误差公式,为提高系统跟踪精度奠定理论基础,并为工程应用提供实际方法。Matlab仿真结果表明 MSBKF 算法在精度及稳定性方面都高于传统的卡尔曼滤波算法,并且证实了 MSBKF 算法的递归性,然而 MSBKF 算法在跟踪过程中存在滞后,特别是在大机动状态下,可能造成滤波精度的降低,甚至出现滤波发散现象。基于上述缺点,提出运动阵列对声目标 CACEMD – VDAKF 的跟踪算法,

Matlab 仿真结果表明在线性、高斯跟踪系统下,针对机动声目标的跟踪,
CACEMD – VDAKF 算法适时性更强。

(2)针对非线性、高斯系统假设下的三维运动声阵列跟踪系统,提出运动声
阵列自适应交互多模型无迹粒子滤波(AIMMUPF – MR)。该算法通过无迹变
换(Unscented Transformation,UT)构造初始粒子概率分布函数,利用测量残差及
自适应因子实时修正测量协方差和状态协方差,同时也增加滤波增益的自适应
调节能力及后验概率密度函数的实时性,从而有效地解决了在高斯非线性状态
下目标跟踪机动过程中系统模型与机动目标实际状态模型不匹配的问题。

(3)针对非线性、非高斯系统假设下的三维运动声阵列跟踪系统,提出确定
性核粒子群粒子滤波跟踪算法(DCPS – PF)。该算法利用初始粒子群的粒子权
值信息融合确定初始核粒子集,以当前时刻声目标方位谱函数作为重要采样密
度函数并推导确定性后验概率密度函数,根据方位——马尔可夫过渡核函数更
新粒子群样本,利用样本内各粒子的权值信息更新核粒子集。根据 DCPS – PF
算法及应用背景,并推导针对可叠加零均值有色噪声环境下的 CRLB。

第2章　三维运动声阵列跟踪系统动态模型

动态模型是三维运动声阵列跟踪系统的基本要素之一,也是一个关键而又棘手的问题,包括两个方面:一个是声阵列观测系统的观测模型,另一个是跟踪系统的状态模型。从数据处理的角度考虑,动态模型是跟踪系统快速、实时跟踪目标的基础;从滤波估计理论的角度考虑,无论是在线性滤波估计理论,还是在非线性滤波估计理论中,动态模型是决定滤波估计精度的重要因素之一;从跟踪系统可靠性的角度考虑,动态模型也是评价跟踪系统稳健、可靠的重要指标。因此,在建立跟踪系统动态模型时,一般原则是建立的模型既要符合实际环境,又要便于从数学上进行处理。

三维运动声阵列对声目标的跟踪从本质上来说属于被动式声探测技术的一种,是利用声阵列测量二维声目标自身辐射的声信号,从而对其进行定位、跟踪等。声信号是以空气为介质传播,众所周知,空气是一种非均匀介质,从而导致声信号在传播过程中出现反射、折射、散射等现象,同时由于大气中的风速、温度、气压等自然因素的影响,使得声信号的传播速率也发生了改变。此外,二维声目标的运动以及三维声阵列的运动,使得跟踪系统对声信号进行观测时存在多普勒效应。因此,对于三维运动声阵列跟踪系统动态模型的建立需要综合考虑空气介质的非均匀性、声速、温度、气压以及多普勒效应的影响。

在本章中,以典型二维声目标声信号产生机理及特性为基础,分析二维声目标的声源特性,探讨声信号在大气中的反射、折射、透射、散射、声信号的衰减以及声信号传播的多普勒效应,得到声信号以空气为介质的传播模型,认清三维运动声阵列跟踪环境的物理现象,结合本章探讨问题的实际环境,给出三维运动声阵列跟踪系统动态模型的基本假设。以基本假设为依据,分析声信号随高度、温度变化的关系,建立三维运动声阵列跟踪系统的观测模型及状态模型。

2.1　典型二维声目标声信号产生机理及特性分析

在现代战场环境中,主要的二维声目标有坦克、履带式装甲车、履带式步兵战车、汽车、枪炮以及弹药爆炸声等。结合目标声源的运动特性,选择坦克、履带式装甲车以及汽车作为典型的二维声目标。在相关的研究工作中,解放军理工大学、北京理工大学、南京理工大学以及西北工业大学等均对上述二维声目标进行了针对性研究[129-134],本节将上述研究单位得到的声目标特性进行归纳总结。

2.1.1　噪声信号的分类

噪声信号是声波的一种,具有声波的一切特征。按照噪声频谱的特点,噪声又可以分为有调噪声和无调噪声。有调噪声含有非常明显的基频和谐波,这种噪声大部分由旋转机械产生,无调噪声没有明显的基频和谐波,如排气放空。由于坦克噪声中也含有明显的周期性行为,可以视为有调噪声。

按照起源,噪声主要可分为空气动力性噪声、机械性噪声、电磁性噪声。由于气体的扰动或者说由于气体的非稳定过程而产生的噪声为空气动力性噪声,如内燃机的燃烧以及进气和排气等噪声。在撞击、摩擦、交变的机械应力作用下,机械的金属板、轴承、齿轮等发生振动而产生机械性噪声,如机械传动部件的运动及一些结构部件的振动等产生的噪声。由高频磁场的相互作用产生的周期交变力引起的电磁振动而产生的噪声为电磁性噪声,如电动机、发电机以及变压器产生的噪声等。

2.1.2　坦克、履带式装甲车信号产生机理及特性

坦克、履带式装甲车行驶时的信号主要由空气动力性噪声和机械性噪声两部分组成,主要声源是发动机和两条履带。空气动力性噪声主要由发动机的进气、排气噪声以及冷却风轮噪声等组成。发动机的进气噪声是由于空气的周期性吸入,气缸中的压力脉动,激起进气道中的空气按自振频率振动,从而产生噪声,它一般小于排气噪声。排气噪声是一种影响较大的气动性噪声,它是发动机噪声的最主要噪声源,其主要由三种成分组成,即气缸中的燃烧噪声、气流噪声和气管与气缸组成的共振腔的共振噪声,排气噪声的强度与气缸容积和发动机的转速成比例。机械性噪声主要由传动系统部件的运动和坦克车体上的结构部件受振动而产生的,后者称为结构噪声,它既取决于振源,又取决于各构件的频率响应。机械性噪声产生的作用力包括发动机燃料燃烧时的燃烧激振力和机械激振力。坦克车体上的不运动构件因受上述激振力的作用以及坦克行驶时因道路颠簸振动产生的机构噪声,也是机械性噪声的组成部分。其中,坦克履带噪声、车体的机构噪声等是机构性噪声的主要噪声源。

坦克信号为宽带信号,信号的主要能量集中在1000Hz以内,为一中、低频连续谱,发动机噪声的周期性在频域表现为一组窄带的谐波线,与点火率呈倍频关系,点火频率为

$$f = \frac{iNZ}{60K} \tag{2.1}$$

式中:i为谐波数;N为发动机主轴转速;Z为发动机气缸数;K为发动机种类常数。

对于履带式的坦克和装甲车,除了上述噪声源,履带对地面的激励以及履带运行过程中摩擦碰撞的噪声是另一个主要噪声源。履带对地面的周期性激励与车速、履带结构尺寸有关,满足下面关系式:

$$F_t = \frac{17.6V}{P} \tag{2.2}$$

式中:F_t为履带周期性激励频率;V为车辆行驶速度;P为履带尺寸。

坦克和装甲车行驶时产生的噪声还与它们的行驶情况密切相关:坦克和装甲车启动、加速、减速时,低频的排气噪声成为主要噪声;坦克以常速($\leqslant 30$km/h)在平坦道路上行驶时,低频的排气噪声和发动机噪声为主要噪声;当行驶速度大于30km/h或目标与测试点距离较近时,履带噪声将变得突出,但一般仍以空气动力噪声为主。总的来说,发动机的排气噪声和发动机噪声是坦克和装甲车行驶时产生的主要车外噪声。实际的测量和比较表明,发动机的排气声要比发动机工作声高出10dB以上,比履带压过地面的声音高出20dB以上。同时坦克和装甲车行驶时产生噪声的声压级与到声源的距离成反比。图2.1所示为坦克目标运动中噪声的声压级曲线,随着阵列到声源的距离增加,声信号的声压级降低。

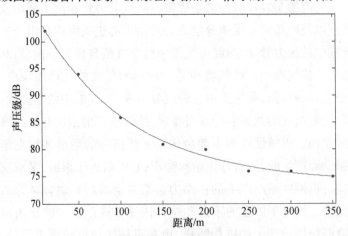

图2.1 坦克目标运动中噪声的声压级曲线

2.1.3　汽车噪声信号产生机理及特性

轮式汽车由机械噪声和空气动力噪声两部分组成。其机械噪声属于高频噪声,因其频率高,这部分噪声在空气中的传播距离要小于空气动力噪声;空气动力噪声的产生机理与坦克、装甲车的基本上相同,本节不再叙述。

文献[139]对卡车、吉普车、面包车、小轿车四种轮式汽车在速度为 35km/h 下产生的噪声进行了频谱分析,得到了以下几个结论:

(1)汽车噪声信号为宽带信号,功率谱密度由连续谱和离散谱构成,声能量主要集中于 1000Hz 以内,为中、低频连续谱。

(2)四种汽车都有一组或两组准周期谱线,其基准频在 50～100Hz 范围内,并随着汽车的速度、相对位置的变化而发生变化。

(3)汽车噪声的准基频具有一定的漂移,在远距离时难与多普勒频移相区别,因此,可不单独考虑多普勒频移的影响。

(4)大型卡车与坦克、装甲车所产生的信号较为相似,但是汽车频谱峰值的频率分布及数量与坦克、装甲车相比有很多差别,且汽车的声压级远低于坦克、装甲车的声压级。

2.1.4　二维声目标声源模型简化

声信号传播的空间称为声场。当声场的空间无限或是无边界效应时,声信号为自由传播,此时的声场为自由声场。理想的声场是媒质均匀、没有边界、各向同性的声场,然而在自然界中理想的自由声场是不存在的。本书中的三维运动声阵列是随着载体一起运动,并且跟踪的典型二维目标为坦克或装甲车,跟踪环境中一般不会有较大的建筑物或障碍物,因此,本书中所讨论的声信号的声场可以假设为半自由声场。

图 2.2 所示为三维运动声阵列对二维声目标跟踪示意图,图中的声阵列由 4 个声传感器组成。由于阵列到目标之间的距离 r 远远大于目标的几何尺寸,因此,声目标的声源模型可以简化为点声源。点声源是无方向性的,而且声场中各点的声压只与该点到声源的距离有关,当声信号传播的距离超过几个波长时,绝大多数声波以球面波的形式传播。点声源在空间产生的声场为

$$P = \frac{\mathrm{j}A\rho_0 Q_0}{4\pi r}\mathrm{e}^{\mathrm{j}(At - kr)} \tag{2.3}$$

式中:P 为测点声压的瞬时值;r 为阵列到目标之间的距离;ρ_0 为介质密度;Q_0 为声强;A 为球表面振动速度幅值;k 为波数,$k = \omega/c$;j 为虚数单位。

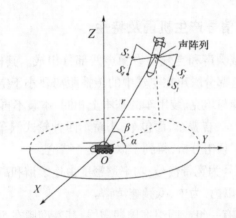

图 2.2　三维运动声阵列对二维声目标跟踪示意图

点声源辐射的声信号一般可以看做以平面波或是球面波的形式传播,其中平面波是远场目标方位估计的声学模型,而球面波是近场目标距离和方位估计的声学模型[140],因此,声信号看做以平面波的形式传播,同时根据文献[141]可知,对于四方形阵列,球面波平面化带来的误差 δ_r 最大不超过下式:

$$\delta_{rmax} = 1 - \sqrt{1 - 2(a/r)^2} \tag{2.4}$$

式中:a 为阵列半径。

图 2.3 所示为球面波平面化形成的误差,由图可知,随着距离的增加,误差减低,并且误差不超过 0.07%,因此,将声源模型简化为点声源并且认为声信号以平面波的形式传播是可行的。

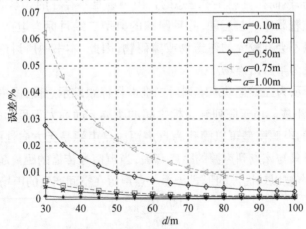

图 2.3　球面波平面化形成的误差

2.2　声信号传播模型

2.2.1　声信号折射、反射及其修正

在声阵列的运动高度范围内,由于大气参数的不一致,导致信号传播出现折射、反射现象。图 2.4 所示为声信号的折射与反射图,根据 Snell 定律,有

$$c_1 \sin\theta_{in} = c_2 \sin\varphi_{out} \tag{2.5}$$

在本节中,声目标与声阵列在反射面的一方,如图 2.5 所示。设目标与声阵列的水平距离为 L,声源、声阵列与地面的高度分别为 H,h,则声目标与声阵列的直线距离 r 的计算公式为

$$r = \left[L^2 + (h - H)^2 \right]^{1/2} \tag{2.6}$$

声信号反射传播的路线 $r_1 + r_2$ 等于像声源到阵列的直线距离,则有

$$r' = \left[L^2 + (h + H)^2 \right]^{1/2} \tag{2.7}$$

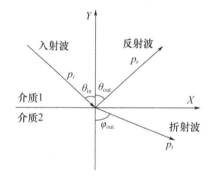

图 2.4　声信号的折射与反射

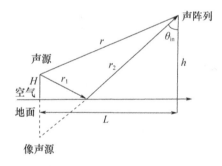

图 2.5　反射与传播同在反射面一方的几何关系

无论是坦克目标还是装甲车目标,都有 $H \ll h, H \ll L$,由于声信号传播的距离不同,而引起观测信号相位差的距离差为 $r_1 - r_2 = 2Hh/L \approx 0$,但是声阵列接收到的信号声压级是直达声信号声压级的 2 倍,即 $p = 2p_1 \cos(kHh/L) = 2p_1$,因此,可以认为声信号的反射只是增加了观测信号的声压级。

在图 2.3 中的声速条件下可以计算出声传播路径的弯曲图如图 2.6 所示。声传播路径向下弯曲,有的区域弯曲很严重,如图 2.7 所示。在 3000m 处,仰角 $\theta = 45°$ 时误差达到 2.08°,$\theta = 30°$ 时误差达到 3.75°,这对声阵列计算目标的方向是不利的,必须对运动声阵列方位估计结果按图 2.7 进行补偿修正。

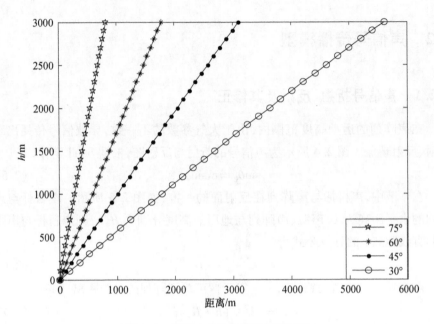

图 2.6　折射造成的传播路径弯曲图

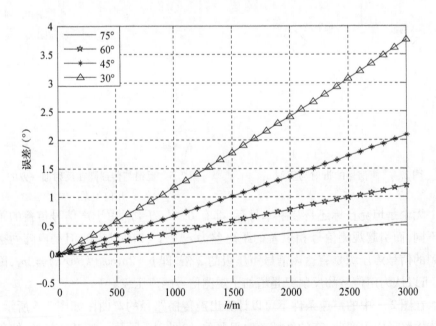

图 2.7　声波折射造成的观测信号方位误差

2.2.2 声速线性化模型

声速是声信号在介质中的传播速度,用 C 来表示,单位为 m/s。相对于运动声阵列来说,阵列观测到的实际声速为声速与风速之和,具有一定的随机性。在大气中,声速与介质温度有关,由于不同高度的温度相差较大,因此,不同高度具有不同的声速。在不考虑风速的情况下,海平面至 3km 高度范围内声速可表示为[142]

$$C(T_{M,b}, h) = (\kappa R(T_{M,b} + L_{M,b}(h - h_b))/M_0)^{1/2} \qquad (2.8)$$

式中:κ 为空气的比热比,取 $\kappa = 1.402$;$T_{M,b}$ 为分子标度温度,海平面温度 15℃ 时可取 $T_{M,b} = 288.15\text{K}$;R 为普适气体恒量,取 $R = 8.314351 \times 10^3 \text{J}/(\text{kmol} \cdot \text{K})$;$M_0$ 为摩尔质量的海平面值,这里取 $M_0 = 28.9644\text{kg/kmol}$;$L_{M,b}$ 为分子标度温度梯度,这里取 $L_{M,b} = -6.5 \times 10^{-3}\text{K/km}$;$h, h_b$ 为海拔高度,这里 $h_b = 0$。

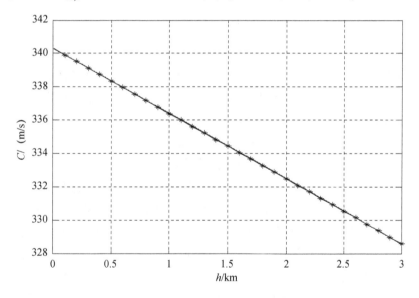

图 2.8 声速随高度变化关系

图 2.8 所示为声速随高度变化关系,从图中可看出声速随高度上升而下降,因此,对式(2.8)进行泰勒级数展开,并取一阶项,从而将声速线性化,则有

$$C(t_0, h) = 20.0468 t_0^{0.5}(1 - 0.00325 h/t_0) \qquad (2.9)$$

式中:t_0 为海平面温度,单位为 K。

在近地层,随高度的变化,平均风速 V_f 服从指数分布的规律[143],即

$$V_f = \frac{w_f}{k}\left(\ln\left(\frac{h+\rho_0}{\rho_0}\right) + \varphi\left(\frac{h}{l}\right) \right) \tag{2.10}$$

式中:h 为高度;w_f 为摩擦速度;k 为卡尔曼常数,近地层取 0.4;ρ_0 为地面粗糙参数系数;l 为莫宁 - 奥布霍夫稳定长度,与空气参数有关。

相对于运动声阵列来说,阵列观测到的实际声速为声速与风速的矢量和,即

$$\boldsymbol{C}_v(t_0,h) = \boldsymbol{C}(t_0,h) + \boldsymbol{V}_f \tag{2.11}$$

一般情况下,风速随高度增加,即存在着正风速梯度,风速高度分布引起复杂的声速高度分布。典型情况是:当声波顺风传播时,声速分布沿高度增加,出现正声梯度;当声波逆风传播时,声速分布沿高度减小,出现负声速梯度。

2.2.3 声信号在空气中的衰减

声信号的衰减是指声波在介质中传播时,其振幅随传播距离的增大而减少。由于大气温度梯度、传播速度梯度、大气扰动、空气的黏滞性、悬浮粒子散射的存在、水分子的热交换等影响因子,从而引起空气对声信号的吸收,造成信号传播时的衰减[144]。其衰减方程如下:

$$p = p_0 \exp(\omega t - 2\pi r/\lambda)/r \tag{2.12}$$

式中:ω 为声源角频率;λ 为声源波长;r 为球形波阵面半径。

相对湿度为 50%,温度为 0~30℃,声阵列的运动高度范围内目标声压随距离衰减关系如图 2.9 所示。由图 2.9 可知,不同频率的声信号随着距离增加,声压级降低,近距离中声压级为高频和低频信号的综合声压,并且声压级下降迅速,主要是由于近距离声信号以球面波的形式传播。随着传播距离的增加,球面波近似于平面波时,衰减变得平缓,但是高频信号的声压级衰减严重,如:在 1500m 时,500Hz 的声信号的声压级衰减到 60dB;而在 2500m 时,只有 250Hz 以内的信号的声压级在 60dB 以上。声压强度是影响运动声阵列观测信号的重要因素,也是决定声阵列工作距离的重要依据。不同频率的声信号被空气吸收,使得观测信号具有不同的频率,因此,在后续观测信号的预处理中需要予以重视,同时,也可以认为,在远距离时声阵列接受的信号主要为低频信号。

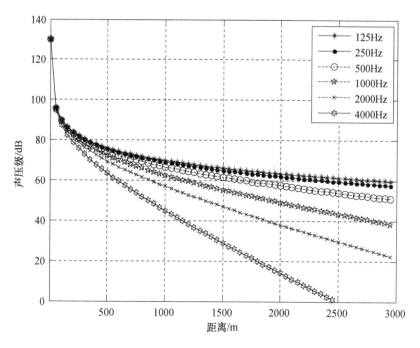

图 2.9 目标声压随距离衰减关系

2.2.4 声信号的多普勒效应

由于声目标与声阵列之间的相互运动,从而使得被观测到的信号频率与实际信号频率不同,这种现象称为多普勒效应。假设声目标的运动速度为 v_T,声阵列的运动速度为 v_A,根据三维运动声阵列的应用背景可知,$v_T < v_A < C$,因此,只要声目标的运动速度不超过介质速度就不影响信号的传播。声信号传播途径中每一点都可看作声源,每一点的移动和介质运动都是一致的。为了分析方便,先从一维的情况分析,假设声阵列的接受点为 x 点,声目标在零点,运动和声信号传播都在 x 方向上,目标发出声波时,阵列与声源之间的距离为 r,则在 x 方向上信号的传播基本方程式为

$$p = p_0 \cos\left(\omega t - \frac{\omega}{c}x\right) \tag{2.13}$$

在 t 时刻,阵列观测到的信号是 r/c 时间以前发出的信号,因此,在声信号传播时间 $t - r/c$ 内,声源、阵列的运动距离分别为 x_T, x_A,则有

$$x_T = v_T \cdot (t - r/c)$$
$$x_A = v_A \cdot (t - r/c)$$

$$\tag{2.14}$$

声源的实际距离为

$$x = x_o - v_T \cdot (t - r/c) - v_A \cdot (t - r/c) = \left[x_o - (v_T + v_A)t \right] \cdot \frac{1 + Ma_A}{1 - Ma_T} \tag{2.15}$$

式中：$Ma_A = v_A/C$，$Ma_T = v_T/C$ 分别为阵列和声源运动的马赫数。

将式(2.15)代入式(2.14)，可得

$$p = p_0 \cos \left\{ \omega t - \frac{\omega}{c} \left((x_o - (v_T + v_A)t) \cdot \frac{1 + Ma_A}{1 - Ma_T} \right) \right\} = p_0 \cos \left\{ \left(\frac{1 + Ma_A}{1 - Ma_T} \right) \omega \left(t - \frac{x_o}{c} \right) \right\}$$

$$\tag{2.16}$$

式中：M_A，M_T 具有方向性，其为正说明运动方向与声速方向同向，为负说明反向。

由式(2.16)可知，阵列观测信号的频率为 $\left(\dfrac{1 + Ma_A}{1 - Ma_T} \right) \omega/2\pi$，由于 $v_T < v_A < C$，则有 $Ma_T < Ma_A < 1$，当阵列与目标相向运动时，观测到的信号频率增加，反向运动时，观测到的信号频率降低。同时也可以看出，由于声阵列和声目标之间的相互运动，使得接收信号的频率发生改变，但是信号频率的改变并不影响运动声阵列对声目标的方位估计，因此，可以说在三维运动声阵列对二维声目标跟踪过程中，只在观测信号预处理中考虑声信号的频移，而在跟踪滤波估计中可以忽略声信号的多普勒效应。

2.3 基于频谱一致性数据融合的多传声器综合支持度

声阵列传声器组存在这样一个问题：部分传声器不特定时间内可能由于一些未知的或随机的干扰甚至传声器损坏等原因造成信号严重失真，该失真信号属于传声器级别的，可能造成该传声器接收到的信号完全失效。通过前几节的分析可知，3 个传声器即可实现定向，而往往利用声阵列定向信息就足够了。因此，超过 3 个传声器的声阵列允许某个甚至某几个失效，针对这种情况，必须研究一种数据融合算法使之能够识别少量失效的传声器并充分利用剩余的传声器进行工作。

数据融合技术就是要将多个传感器的测量结果进行综合处理，从而得出最有可能失效的传声器，并将其余传声器信息进行融合。数据融合在不同领域有不同的实现形式，从处理信息对象的层次上可以将系统分为三个层次[83]，即数

据层融合、特征层融合和决策层融合。

(1)数据层融合。数据层融合是指在融合过程中要求各参与融合的传感器信息间精确到一个精度。通常,它对原始传感器信息不进行处理或只进行很少的处理。在信息处理层次中数据层的层次较低,故也称为低级融合。其主要优点在于它能提供其他融合层次不能提供的信息。由于没有信息损失,它具有较高的融合性能。

(2)特征层融合。特征层融合是指在各个传感器提供的原始信息中,提取一组特征信息形成特征矢量,并在对目标进行分类或其他处理前对各组信息进行融合,一般称为中级融合。

(3)决策层融合。决策层融合也称高级融合,它首先利用来自各传感器的信息对目标属性等进行独立处理,然后对各传感器的处理结构进行融合,最后得到整个系统的决策。

2.3.1 一致性数据融合算法

针对多传声器声阵列问题,设有 N 个传声器,各自独立测量,并假设第 i 个传感器测量值为 x_i,测量精度为 σ_i,x_i 服从正态分布,其测量模型一般可用正态分布表示:

$$P(x_i) = \frac{1}{\sqrt{2\pi}\sigma\varepsilon_i} \exp\left(-\frac{(x_i - \mu)^2}{2\sigma\varepsilon_i^2} \right) \qquad (2.17)$$

式中:$i = 1, 2, \cdots, N$。

采用 D_{ij} 和 D_{ji} 作为传声器 i 和 j 之间数据的置信距离,D_{ij} 越小表示两个传声器的观测值越接近,反之则表示两个传声器的观测值偏差越大,其表达式为

$$D_{ij} = 2\left| \int_{x_i}^{x_j} P_i(x \mid x_i) \, dx \right| = P\left(|Z| \leqslant \left| \frac{x_i - x_j}{\sigma\varepsilon_i} \right| \right) \qquad (2.18)$$

$$D_{ji} = 2\left| \int_{x_j}^{x_i} P_j(x \mid x_j) \, dx \right| = P\left(|Z| \leqslant \left| \frac{x_j - x_i}{\sigma\varepsilon_i} \right| \right) \qquad (2.19)$$

式中:$P_i(x \mid x_i)$ 为条件概率;Z 为服从标准正态分布 $N(0,1)$ 的随机变量。从而可得置信距离矩阵 $\boldsymbol{D}$ 为

$$\boldsymbol{D} = \begin{bmatrix} D_{11} & D_{12} & \cdots & D_{1n} \\ D_{21} & D_{22} & \cdots & D_{2n} \\ \vdots & \vdots & & \vdots \\ D_{n1} & D_{n2} & \cdots & D_{nn} \end{bmatrix}_{n \times n} \qquad (2.20)$$

根据经验或多次测试的结果,给定一个阈值 ε_{ij},令

$$s_{ij}\begin{cases}1 & D_{ij} \leqslant \varepsilon_{ij} \\ 0 & D_{ij} > \varepsilon_{ij}\end{cases} \quad i = 1, 2, \cdots, N \tag{2.21}$$

则由传声器之间的置信距离矩阵 D 可以得到传声器之间的支持矩阵 S 为

$$S = \begin{bmatrix} s_{11} & s_{12} & \cdots & s_{1n} \\ s_{21} & s_{22} & \cdots & s_{2n} \\ \vdots & \vdots & & \vdots \\ s_{n1} & s_{n2} & \cdots & s_{nn} \end{bmatrix}_{n \times n} \tag{2.22}$$

在支持矩阵 S 中,对于第 i 个传声器和第 j 个传声器共存在三种关系[86-87]:

(1) $D_{ij} = 0$,$D_{ji} = 0$,表示传声器 i 的数据与传声器 j 的数据相互独立。

(2) $D_{ij} = 1$,$D_{ji} = 0$,表示传声器 i 的数据对传声器 j 的数据弱支持。

(3) $D_{ij} = 1$,$D_{ji} = 1$,表示传声器 i 的数据与传声器 j 的数据相互强支持。

这样就可以确定参加融合的最大传声器组,将最大传声器组中的传声器测量数据进行数据融合,就排除了测量不精确的传声器的影响,减小由于严重失真的传声器带来的过大误差。

在此算法中,当传声器 i 与传声器 j 的测量精度不同时,置信距离是不同的,这与通常距离定义中对称性要求不一致[87-88],并且阈值 ε_{ij} 是根据经验确定的,具有很大的主观性。另外,阈值选取不当可能会对结果产生很大的影响。

2.3.2 采用对称距离函数的一致性算法

由于一致性算法存在以上问题,大连理工大学的焦莉等对其进行了改进,考虑到置信距离是一致性数据融合的关键,焦莉定义了一种新的置信距离,令

$$D_{ij} = \frac{1}{2}\left[2 \left| \int_{x_i}^{x_j} P_i(x \mid x_i)\,\mathrm{d}x \right| + 2 \left| \int_{x_j}^{x_i} P_j(x \mid x_j)\,\mathrm{d}x \right| \right]$$

$$D_{ij} = \frac{1}{2}\left[P\left(\mid Z \mid \leqslant \frac{\mid x_i - x_j \mid}{\sigma \varepsilon_i} \right) \right] + P\left(\mid Z \mid \leqslant \frac{\mid x_j - x_i \mid}{\sigma \varepsilon_j} \right)$$

$$D_{ij} = \int_0^{\frac{\mid x_i - x_j \mid}{\sigma \varepsilon_i}} \frac{1}{\sqrt{2\pi}} \mathrm{e}^{-x^2/2}\,\mathrm{d}x + \int_0^{\frac{\mid x_j - x_i \mid}{\sigma \varepsilon_j}} \frac{1}{\sqrt{2\pi}} \mathrm{e}^{-x^2/2}\,\mathrm{d}x \tag{2.23}$$

显然

$$D_{ji} = \int_0^{\frac{\mid x_j - x_i \mid}{\sigma \varepsilon_j}} \frac{1}{\sqrt{2\pi}} \mathrm{e}^{-x^2/2}\,\mathrm{d}x + \int_0^{\frac{\mid x_i - x_j \mid}{\sigma \varepsilon_i}} \frac{1}{\sqrt{2\pi}} \mathrm{e}^{-x^2/2}\,\mathrm{d}x \tag{2.24}$$

因此,$D_{ij} = D_{ji}$,这样定义的置信距离克服了当传声器测量精度不同时的不一致性。

由 D_{ij} 给出传声器 i 与传声器 j 支持程度的度量,令

$$s_{ij} = 1 - D_{ij} \qquad (2.25)$$

这样可以克服人为定义阈值带来的主观误差,将各个传声器测定数据的相互支持程度模糊化,能够有效地减少由于各种扰动因素造成的测量数据的变化。

计算出所有传声器的支持矩阵 S,存在最大模特征值 λ 和相应的特征向量 Y,$Y = (y_1, y_2, \cdots, y_n)^T$,有 $SY = \lambda Y$,展开为 $\lambda y_k = y_1 s_{k1} + y_2 s_{k2} + \cdots + y_n s_{kn}$,其中 $k = 1, 2, \cdots, N$。令

$$\phi_k = \lambda y_k \Big/ \sum_{i=1}^{N} \lambda y_i = y_k \Big/ \sum_{i=1}^{N} y_i \qquad (2.26)$$

则 ϕ_k 即为第 k 个传声器的综合支持度,最终数据融合值 x 为

$$x = \sum_{k=1}^{N} \phi_k x_k \qquad (2.27)$$

2.3.3 多传声器频谱一致性综合支持度算法

针对多传声器声阵列定位问题,各传声器之间测得的数据是有时间差的,而该差值在时延估计之前是未知的,直接使用式(2.27)是很不合适的。但在一定观测时间 T 内,时延差较观测时间 T 较小,仍可以认为该时间内多传声器信号之间频谱是相似的,但是由于噪声的干扰,使得整个信号频谱并不相同,在此条件下估计传声器精度是有难度的。受以上思想启发,在这里根据传声器阵列的特点,定义一个新的支持程度的度量,可以称为频域支持度:

$$s_{ij} = 1 - \frac{1}{\omega_2 - \omega_1} \sum_{\omega = \omega_1}^{\omega_2} |F_i(\omega) - F_j(\omega)| \qquad (2.28)$$

式中:$F(\omega)$ 为信号归一化后的频率谱。

该函数则在频域内表达的两个信号的近似程度,并按照其支持度矩阵计算其综合支持度。

2.3.4 算法验证

取某次实测信号,对于满足时延估计长度的一段信号,4 个通道信号及其频谱如图 2.10 所示。从图 2.10 中可以明显看出,一通道信号频谱明显不同,可能是传声器频响带宽与其余不同,也有可能是该通道信道频响不同,甚至是该传声器完全失效,采用此方法,计算出支持度矩阵为

$$S = \begin{bmatrix} 1.0000 & 0.8676 & 0.8505 & 0.7918 \\ 0.8676 & 1.0000 & 0.9185 & 0.8735 \\ 0.8505 & 0.9185 & 1.0000 & 0.8748 \\ 0.7918 & 0.8735 & 0.8748 & 1.0000 \end{bmatrix}$$

特征值为 $\lambda = [0.0802 \quad 0.1200 \quad 0.2102 \quad 3.5896]$

最大特征值 3.5896 对应特征向量为 $Y = [-0.4885 \quad -0.5102 \quad -0.5079$ $-0.4930]^T$

按最大特征向量计算出的各个传声器的综合支持度为

$$\phi = [0.2443 \quad 0.2551 \quad 0.2540 \quad 0.2466]$$

表 2.1 所列为 4 个传声器的支持度数据,根据平均综合支持度为 0.25 可知,第 1、第 4 传声器信号失真,这与观察结果相符。另外,计算该组信号的 6 个时延值如表 2.2 中 T2 行所列,从时延估计的结果可以看出:当两个支持度都比较低的传声器进行时延估计时其结果误差很大,而传声器 1 的误差最大,这一点通过对 4 个传声器的实测数据进行统计(表 2.2)可知。传声器 1 参与的时延估计方差偏大,因此,与传声器 1 进行时延估计的误差都明显偏大,所以先对传声器进行支持度估计是有必要的,在传声器数量存在冗余的条件下应首先选择综合支持度高的传声器进行定向或定距。

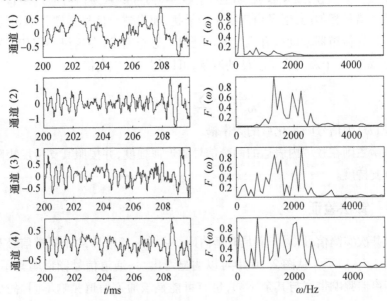

图 2.10 4 个某段通道信号及其频谱

表 2.1　4 个传声器的支持度

支持度	传声器 1	传声器 2	传声器 3	传声器 4
T1	0.2472	0.2512	0.2492	0.2524
T2	0.2443	0.2551	0.2540	0.2466
T3	0.2515	0.2445	0.2519	0.2521
T4	0.2483	0.2488	0.2513	0.2516
T5	0.2499	0.2467	0.2496	0.2537
T6	0.2496	0.2478	0.2513	0.2514
T7	0.2509	0.2449	0.2509	0.2534
T8	0.2476	0.2524	0.2508	0.2492
T9	0.2521	0.2491	0.2462	0.2526
T10	0.2500	0.2494	0.2480	0.2526

表 2.2　4 个传声器计算出的 6 个时延值与理论真值对比

	τ_{31}/ ms	τ_{42}/ ms	τ_{34}/ ms	τ_{21}/ ms	τ_{32}/ ms	τ_{41}/ ms
理论值	1.4641	0	0.7138	0.7504	0.7138	0.7504
T1	1.4256	0.0272	0.7120	0.6736	0.8016	0.6224
T2	1.4096	0.0272	0.7056	0.6768	0.7334	0.2928
T3	1.3456	0.0304	0.7024	0.6576	0.8240	−1.896
T4	1.3776	0.0496	0.6992	0.6800	0.7600	1.2144
T5	1.3584	0.0400	0.6764	0.6832	0.7312	1.1984
T6	1.3328	−0.0304	0.6896	0.6476	0.7184	0.0272
T7	1.3712	−0.0272	0.6992	0.6896	0.7280	1.1728
T8	1.3936	−0.0432	0.6992	0.6992	0.7312	0.6448
T9	−2.2032	−0.0592	0.6672	0.5680	0.7344	−6.5808
T10	−0.5776	−0.0528	0.6928	0.6864	0.7344	0.6416

　　该方法可以在未知先验信息的条件下对测得的信号进行估计,给出综合支持度高的传声器信号,算法简捷而有效。但存在的问题是:该综合支持度结果依靠实测数据,本质上是按照概率原则对多传声器信号进行评估,即假设大多数传声器信号是可靠的,不一致的只是少数传声器,如果大多数传声器信号中含有相同成分的噪声,则可能造成误判。

2.4　信号预处理

2.4.1　信号"数学再采样"

声阵列是按固定的采样频率进行采样的,在后面的多尺度时延估计中,尤其是基于小波的多尺度估计,小波分解所得到的各个子频带,完全由初始采样得到的频带$[0,\Omega]$确定。为了得到分解后想要的频带,就要对初始的频带进行改变,但是,在声阵列真实系统中调整采样频率或重采样难以实现,可以采取软件重采样,即一种"数学再采样",其算法原理如下。

由采样定理可知,对于信号f,假定$\sup\hat{f}\subset[-\Omega,\Omega]$,则

$$f(x) = \sum f\left(k\frac{\pi}{\omega}\right)\frac{\sin(\Omega x - k\pi)}{\Omega x - k\pi} \tag{2.29}$$

当函数$f(x)$是优先频段时,它可以用型值$f(k\pi/\Omega)$完全确定,这时的采样间隔为π/Ω。

现在,如果我们要将当前信号重采样到$[-\Omega',\Omega']$频段内,当然假定$\Omega < \Omega' < 2\Omega$,这时,如果给定信号$f(x)$在点$x = k\pi/\Omega'$上的型值$f(k\pi/\Omega)$,则有

$$f(x) = \sum_k f(k\pi/\Omega')\frac{\sin(\Omega'x - k\pi)}{\Omega'x - k\pi} \tag{2.30}$$

事实上,所谓进行了间隔为π/Ω的采样,就是给出了型值$f(k\pi/\Omega)$,即不管信号频率有无在$[-\Omega,\Omega]$以外的部分,经过采样,采样值为$f(k\pi/\Omega)$,这就是说只保留$f(x)$频率在$[-\Omega,\Omega']$的部分,如果信号$f(x)$还有更高频率的部分,这时也认为是不需要的。

基于这种样采样思想,我们所需要的是另外采样的样点$f(k\pi/\Omega')$,这些点在大多数情况下是不知道的(除非Ω/Ω为整数),这时可以使用"数学采样",为了区别,记这些采样点的值域为$f[k\pi/\Omega']$。由式(2.29)得

$$f\left[k\frac{\pi}{\Omega'}\right] = \sum_k f\left(l\frac{\pi}{\Omega}\right)\frac{\sin(k\pi\Omega/\Omega' - l\pi)}{k\pi\Omega/\Omega' - l\pi} \tag{2.31}$$

这时式(2.30)变为

$$f(x) = \sum_k f(k\pi/\Omega')\frac{\sin(\Omega'x - k\pi)}{\Omega'x - k\pi}$$

$$= \sum_k \sum_l f\left(l\frac{\pi}{\Omega}\right)\frac{\sin(k\pi\Omega/\Omega' - l\pi)}{k\pi\Omega/\Omega' - l\pi}\frac{\sin(\Omega'x - k\pi)}{\Omega'x - k\pi}$$

$$= \sum_l f\left(l\frac{\pi}{\Omega}\right) \beta_l(x) \qquad (2.32)$$

其中：$\beta_l(x) = \sum_k f\left(l\frac{\pi}{\Omega}\right) \dfrac{\sin(k\pi\Omega/\Omega' - l\pi)}{k\pi\Omega/\Omega' - l\pi} \dfrac{\sin(\Omega'x - k\pi)}{\Omega'x - k\pi}$

这样通过数学再采样就可将信号按需要调整到适当的频域内,供以后分析使用。

2.4.2　原始信号野点剔除和消除趋势项

1. 野点剔除

野点剔除是指检测和排除采集到的原始信号中的明显错误的信号值,这类信号值往往仅一个或极少数几个采样点数据统计特征明显偏离其余数据统计特征,具有很强的随机性,会造成数据频谱严重变化,使噪声谱水平增大。野点出现的原因较多,往往是超出系统设计预料之外,传感器失灵、电磁干扰、电源不稳定、软件漏洞等都可能造成野点出现,具有很强的随机性,不易控制。由于野点具有时域变化大的特点,因此利用时域统计特征可以检验野点的出现,某段信号样本方差为

$$\sigma\varepsilon_i^2 = E\{[X_i - E(X_i)]^2\} = E(X_i^2) - E^2(X_i) \qquad (2.33)$$

如果对于检测的数据点 $X_i(n+1)$,下式成立:

$$E(X_i) - k\sigma\varepsilon_i < X_i(n+1) < E(X_i) + k\sigma\varepsilon_i \qquad (2.34)$$

那么认为这个数据是正常的,不是野点,参数 k 的取值一般为 $3 \sim 5$;否则该数据按野点处理,剔除后用线性插值的方法补上:

$$\hat{X}_i(n+1) = X_i(n) + (X_i(n) - X_{i-1}(n-1)) \qquad (2.35)$$

野点剔除流程如图 2.11 所示。

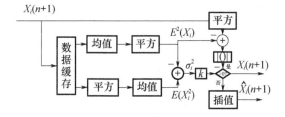

图 2.11　野点剔除流程图

2. 消除趋势项

所谓趋势项是指在信号中叠加的严重超过目标信号周期的低频成分,往往其周期超过或与信号观测时间相当,该趋势项的存在有时会引起两列信号相关

后信号不平稳,其峰值超出信号时延波峰,会造成错误识别,引起该低频噪声原因很多,环境风、温度、电路相关等有可能引起这种低频信号,也是造成信号不平稳的一个重要原因,因此必须去除。文献[91]使用一种精度高并可靠的最小二乘拟合法消除趋势项,假定用 K 阶多项式来拟合趋势项

$$\hat{X}(n) = \sum_{j=0}^{K} a_j (nT)^j \quad n = 1,2,3,\cdots,N \qquad (2.36)$$

式中:T 为根据数据长度、幅值选择的合适的参数,使 $a_j(nT)^j$ 不至于太大或太小产生截断误差;选择适当的参数 a_j,使 $\displaystyle\sum_{n=1}^{N} [X(n) - \hat{X}(n)]^2$ 最小,即 $Q(a) = \displaystyle\sum_{n=1}^{N} [X(n) - \sum_{j=0}^{K} a_j (nT)^j]^2$ 最小,因此有

$$\frac{\partial Q}{\partial a_i} = -2 \sum_{n=1}^{N} \left[X(n) - \sum_{j=0}^{K} a_j (nT)^j \right] \left[-(nT)^i \right] = 0$$

得方程组:

$$\sum_{n=1}^{N} X(n)(nT)^i = \sum_{j=0}^{K} a_j \sum_{j=0}^{K} (nT)^{i+j} \quad i = 1,2,3,\cdots,K$$

解此方程组可得到 $\{a_j\}$,根据信号长度以及低频信号周期选取 K 值,一般 $K \leq 3$,将原信号减去拟合的多项式,以消掉这种趋势项。

2.5 跟踪系统动态模型

三维运动声阵列的动态模型包括两个方面:一个是声阵列观测系统的观测模型;另一个是跟踪系统的状态模型。本书设计的运动声阵列以智能反坦克子弹药(BAT)为载体,其自身不具有动力装置,靠惯性滑行及改变空气动力来实现末端制导。

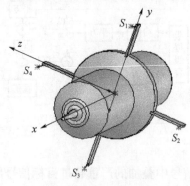

图 2.12 三维运动声阵列传感器布置结构示意图

图 2.12 所示为三维运动声阵列传感器布置结构示意图,s_1,s_2,s_3,s_4 为组成阵列的 4 个声传感器,成十字形状排列组成,各个传感器到中心 O 距离相等且设为 d。根据运动声阵列的应用背景可知,运动声阵列在空间做惯性滑行,没有动力装置,因此,只有重力和空气动力作用于运动声阵列,则运动声阵列的运动状态可设为 $\boldsymbol{X}_A = [x_A, y_A, z_A, \dot{x}_A, \dot{y}_A, \dot{z}_A, \ddot{x}_A, \ddot{y}_A, \ddot{z}_A]$,$\boldsymbol{X}_A$ 分别表示运动声阵列在 x,y,z 方向的位置、速度和加速度,二维目标的运动状态可设为 $\boldsymbol{X}_T = [x_T, y_T, 0, \dot{x}_T, \dot{y}_T, 0, \ddot{x}_T, \ddot{y}_T, 0]$,$\boldsymbol{X}_T$ 分别表示运动声目标的位置、速度及加速度,根据对运动声阵列跟踪系统的坐标系之间的转换关系,则两者之间的相对运动状态方程可化为 $\boldsymbol{X}(k) = X'_T(k) - X'_A(k)$,其中 $X'_T(k)$ 为 $\boldsymbol{X}_T$ 经坐标系转换后的目标运动状态参数向量,$X'_A(k)$ 为 $\boldsymbol{X}_A$ 经坐标模型转换后的声阵列运动状态参数向量。图 2.13 为运动声阵列对二维声目标信号检测示意图。

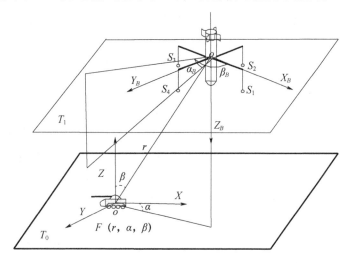

图 2.13　运动声阵列对二维声目标信号检测示意图

2.5.1　模型假设

三维运动声阵列跟踪系统的状态模型也可以称为状态转移模型,是表示跟踪系统在 $k-1$ 时刻到 k 时刻对跟踪目标状态转移的估计,观测模型是用来表示声阵列在 k 时刻对声目标声信号的接受及方位估计,观测模型是状态模型的基础,也是跟踪系统有效跟踪目标的前提。

根据前述,对二维声目标声信号的产生机理及信号特性、声信号在大气中传播的物理现象有了一定的理解,因此,基于基本的物理现象,结合三维运动声阵列的应用背景,对动态模型进行了如下假设:

（1）假设声源为点声源，声信号以平面波的形式进行传播，忽略球面波平面化所形成的误差。

（2）假设不考虑声信号的反射、透射现象，声信号的折射可以根据图 2.7 及图 2.8 对信号方位进行修正。

（3）假设在三维运动声阵列跟踪的高度范围内不考虑声速的非线性现象，并且实际声速为声速与风速的矢量和。

（4）假设忽略重力加速度随高度的变化。

（5）假设在远距离时，运动声阵列观测到的声信号主要为低频信号。

（6）假设在跟踪滤波估计中可以忽略声信号的多普勒效应。

（7）假设不考虑由于声源的路程差而引起的相位差。

（8）假设声传感器特性相同，各向同性。

（9）假设各传感器的噪声互不相关，且与待测信号也不相关。

（10）假设同一个目标发出的声信号在空间一点上被传感器接收到的声信号是单一频率声信号，也就是假设传感器接收的是单频信号。

2.5.2　跟踪系统动态模型

为了分析运动声阵列与声目标之间的动态特性，必须把描述跟踪系统运动的各种运动参数放在相应的坐标系及各种坐标系的相互关系中去研究。由于声信号是以空气为传播介质，目标的声信号经过空气传播到运动声阵列，一般而言空气的速度等效为风速，并不为目标实际运动的速度，因此，声阵列跟踪系统探测到的信号是空气中的声波，从而将运动声阵列视为在来波方向上的相对于空气的相对运动，而不是阵列相对目标的运动。在研究跟踪系统的运动时，常用到的跟踪坐标系有目标坐标系、阵列坐标系、弹道坐标系、速度坐标系。针对运动声阵列三维运动的实际情况，主要涉及的坐标系为阵列坐标系、弹道坐标系和平动坐标系，考虑到风速的影响，还涉及相对速度坐标系。而对于地面目标来说，其做二维平面运动，具有两个平移自由度，因此，以地面目标坐标系为参考坐标系。本书跟踪系统动态模型是以牛顿动力学为理论基础，结合二维声目标的运动状态，分别在笛卡儿坐标系和极坐标系下建立了跟踪系统的状态模型和观测模型。

1. 运动声阵列跟踪系统坐标系定义

（1）目标坐标系：与目标相连，用 $Oxyz$ 表示，以声阵列跟踪系统抛撒起始点在目标地面上的垂直投影点为坐标原点，以正东为 x 正向，y 向垂直向上为正，

按照右手法则确定 z 轴。地面坐标系的基以 e_g 表示，三个基矢量 e_{g1}，e_{g2}，e_{g3} 分别沿 x，y，z 正向。

（2）平动坐标系：用 $Ox_d y_d z_d$ 表示，其坐标原点为阵列质心，在阵列飞行过程中，三轴始终与目标坐标系三轴平行，平动坐标系的基以 e_d 表示，该坐标系为最终输出目标方向角信息以及弹目相对距离所在坐标系。

（3）阵列坐标系：用 $Ox_b y_b z_b$ 表示，x_b 轴与阵列载体纵轴一致，并指向载体头部为正，其余两轴在弹体赤道平面内，该坐标系的基以 e_b 表示，该坐标系主要计算传感器与声波之间的相对运动关系。

（4）相对速度坐标系：在有风的情况下，阵列与空气之间的相对速度 v_r 不等于飞行速度 v，它们之间的相对关系取决于风速 w，且有 $v_r = v - w$，该坐标系以 $Ox_r y_r z_r$ 表示，x_r 轴与相对速度矢量 v_r 一致，y_r 轴在垂直平面内并垂直 x_r，向上为正，按照右手法则确定 z_{rx} 轴，该坐标系的基以 e_r 表示。

（5）弹道坐标系：该坐标系以 $Ox_t y_t z_t$ 表示，原点在质心，x_t 轴与速度矢量一致，y_t 轴在垂直平面并垂直 x_t，向上为正，按照右手法则确定 z_t 轴，该坐标系的基以 e_t 表示。

2. 运动声阵列跟踪系统各坐标系转化关系

为了研究风速、阵列速度、弹体姿态以及目标运动的影响，将各坐标系下的矢量转化到平动坐标系下研究，在平动坐标系下建立跟踪系统坐标模型。图2.14、图2.15分别为平动坐标系与阵列坐标系及相对速度坐标系转化关系，图2.14中 φ_a 表示弹轴倾角，γ 表示弹滚转角，θ 表示相对倾角，φ_2 表示弹轴侧向偏角，ψ_r 表示相对偏角。

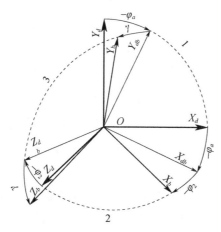

图2.14 平动坐标系与阵列坐标系转化关系

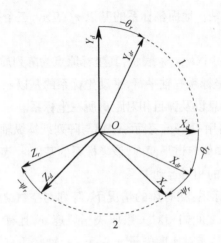

图 2.15　平动坐标系与相对速度坐标系转化关系

根据坐标系转换法则可知,平动坐标系与相对速度坐标系转化关系为

$$e_r = C_2(-\psi_r) C_3(-\theta_r) e_d, \quad e_d = C_3^T(-\theta_r) C_2^T(-\psi_r) e_r \tag{2.37}$$

式中:$C_2^T(-\psi_r) = \begin{bmatrix} \cos\psi_r & 0 & -\sin\psi_r \\ 0 & 1 & 0 \\ \sin\psi_r & 0 & \cos\psi_r \end{bmatrix}$;$C_3^T(-\theta_r) = \begin{bmatrix} \cos\theta_r & 0 & -\sin\theta_r \\ 0 & 1 & 0 \\ \sin\theta_r & 0 & \cos\theta_r \end{bmatrix}$

设 $V^r = (v_x^r \quad 0 \quad 0)$,$V^d = C_2^T(-\psi_r) C_3^T(-\theta_r) V^r$,则有

$$\begin{pmatrix} v_x^d \\ v_y^d \\ v_z^d \end{pmatrix} = \begin{pmatrix} \cos\psi_r\cos\theta_r & \sin\theta_r & -\sin\psi_r\cos\theta_r \\ -\cos\psi_r\sin\theta_r & \cos\theta_r & \sin\psi_r\sin\theta_r \\ \sin\psi_r & 0 & \cos\psi_r \end{pmatrix} \begin{pmatrix} v_x^r \\ 0 \\ 0 \end{pmatrix} = \begin{pmatrix} v_x^r\cos\psi_r\cos\theta_r \\ -v_x^r\cos\psi_r\sin\theta_r \\ v_x^r\sin\psi_r \end{pmatrix} \tag{2.38}$$

同理可推得,平动坐标系与阵列坐标系之间的转化关系为

$$e_b = C_1(\gamma) C_2(-\varphi_2) C_3(-\varphi_a) e_d$$
$$e_d = C_3^T(-\varphi_a) C_2^T(-\varphi_2) C_1^T(\gamma) e_b \tag{2.39}$$

$$X_T' = \begin{pmatrix} x^d \\ y^d \\ z^d \end{pmatrix} = \begin{pmatrix} \cos\varphi_a & \sin\varphi_a & 0 \\ -\sin\varphi_a & \cos\varphi_a & 0 \\ 0 & 0 & 1 \end{pmatrix} \times \begin{pmatrix} \cos\varphi_2 & 0 & -\sin\varphi_2 \\ 0 & 1 & 0 \\ \sin\varphi_2 & 0 & \cos\varphi_2 \end{pmatrix} \times \begin{pmatrix} 1 & 0 & 0 \\ 0 & \cos\gamma & -\sin\gamma \\ 0 & \sin\gamma & \cos\gamma \end{pmatrix} \times \begin{pmatrix} x^b \\ y^b \\ z^b \end{pmatrix}$$
$$\tag{2.40}$$

式(2.38)确定了运动声阵列坐标系与平动坐标系之间的关系,根据平动坐标系定义可知,其实质就是目标坐标系的 x,y,z 经过平移转换而得,因此有

$$X'_A = \begin{pmatrix} x_T \\ y_T \\ z_T \end{pmatrix} = \begin{pmatrix} x^d \\ y^d \\ z^d \end{pmatrix} + \begin{pmatrix} d_x \\ d_y \\ d_z \end{pmatrix} \tag{2.41}$$

所以式(2.38)、式(2.40)、式(2.41)构成了运动声阵列跟踪系统的坐标系模型,同时也构成了运动声阵列的信号输出坐标模型。

3. 运动声阵列跟踪系统的笛卡儿坐标模型

根据上述分析可知,运动声阵列跟踪系统是一个非线性系统,其跟踪系统的状态方程及声阵列观测方程可表示为

$$X(k+1) = f_k(X(k), W(k))$$
$$Z(k) = h_k(X(k), V(k)) \tag{2.42}$$

式中:$W(k)$,$V(k)$为相互独立的噪声;f_k,h_k分别表示状态转移函数和观测函数。

1)运动声阵列跟踪系统的匀加速模型

在匀加速模型中假设白噪声为加速度的一阶干扰,即 $a(k) = v(k)$,其均值为零,方差为 $\sigma \varepsilon^2$,则式(2.42)中系统的离散状态方程可描述为

$$X(k+1) = F(k)X(k) + W(k) \tag{2.43}$$

式中:$F(k)$为状态转移矩阵,且有 $F(k) = \begin{pmatrix} 1 & T & T^2/2 \\ 0 & 1 & T \\ 0 & 0 & 1 \end{pmatrix}$,扩展为三维模型:

$$X(k+1) = \text{diag}\{F(k), F(k), F(k)\}X(k) + W(k) \tag{2.44}$$

式中:$X(k) = X'_T(k) - X'_A(k)$。

对于目标的方位估计首先是在球坐标下得到,因此,观测值为 $Z^p(k) = [r_m(k), \alpha_m(k), \beta_m(k)]^T$,其中 $r_m(k)$,$\alpha_m(k)$,$\beta_m(k)$为相互独立,观测误差分别为 $\tilde{r}, \tilde{\alpha}, \tilde{\beta}$,均为零均值高斯噪声,方差为 $\sigma \varepsilon_r, \sigma \varepsilon_\alpha, \sigma \varepsilon_\beta$,则观测方程可以表示为

$$Z^p(k) = h(X(k)) + V(k) \tag{2.45}$$

式中:$v(k) = [\sigma \varepsilon_r, \sigma \varepsilon_\alpha, \sigma \varepsilon_\beta]$;$h(X(k))$为状态变量的非线性函数,且有

$$h(X(k)) = \left[\sqrt{x^2(k) + y^2(k) + z^2(k)}, \arctan\left(\frac{y(k)}{x(k)}\right), \arctan\left(\frac{\sqrt{x^2(k) + y^2(k)}}{z(k)}\right) \right]^T \tag{2.46}$$

在笛卡儿坐标系下,由球坐标系转化为笛卡儿坐标系下的转换测量误差为

$$\tilde{x} = (r+\tilde{r})\cos(\beta+\tilde{\beta})\cos(\alpha+\tilde{\alpha}) - r\cos(\beta)\cos(\alpha)$$
$$\tilde{y} = (r+\tilde{r})\cos(\beta+\tilde{\beta})\sin(\alpha+\tilde{\alpha}) - r\cos(\beta)\sin(\alpha) \tag{2.47}$$

经去偏后所得笛卡儿坐标系下的转换测量值为

$$Z(k) = [r_m(k)\cos\beta_m(k)\cos\alpha_m(k), r_m(k)\sin\beta_m(k), 0]^T - \mu_a(k) \quad (2.48)$$

$$\mu_a(k) = \begin{bmatrix} r_m\cos\beta_m\cos\alpha_m(e^{-\sigma\varepsilon_\alpha^2 - \varphi_\beta^2} - e^{-\sigma\varepsilon_\alpha^2/2 - \varphi_\beta^2/2}) \\ r_m\sin\beta_m\cos\alpha_m(e^{-\varphi_\beta^2} - e^{-\varphi_\beta^2/2}) \\ 0 \end{bmatrix} \quad (2.49)$$

式中：$\mu_a(k)$ 为观测误差均值。

因此，观测方程经离散化后，系统的观测为

$$Z(k) = h(k)X(k) + V(k) \quad (2.50)$$

2）运动声阵列跟踪系统的匀速转弯模型

匀速转弯模型假设目标以一个常速率（即速度和加速度垂直）在一个平面内（不一定是水平面）做圆周运动[145]。若将白噪声看做加速度干扰，则有 $\dot{a} = -\omega^2 v + v$，其中 v 为速度向量，v 为白噪声，则 $F(k)$ 为

$$F(k) = \begin{pmatrix} 1 & \dfrac{\sin(\omega T)}{\omega} & \dfrac{1 - \cos(\omega T)}{\omega^2} \\ 0 & \cos(\omega T) & \dfrac{\sin(\omega T)}{\omega} \\ 0 & -\omega\sin(\omega T) & \cos(\omega T) \end{pmatrix} \quad (2.51)$$

将式（2.40）代入式（2.42），同理扩展可得三维模型。根据上述分析可知，在笛卡儿坐标系下，运动声阵列跟踪系统的观测方程为高度非线性，主要是由于声阵列探测目标所得的参数为：方位角、俯仰角、目标与阵列质心之间的距离，而在笛卡儿坐标系下，参数转换从而产生了参数的非线性化，并且系统误差也随之增加。

在上述的两个运动模型中，跟踪系统的状态方程中各个参数是在笛卡儿坐标系下得到的。而观测方程中的参数是由球坐标系经过坐标转换而得到的。由于坐标转换而带来了观测数据偏差，需要对这种偏差进行修正，观测方程是去偏差的，同时也说明了跟踪系统的状态方程是在笛卡儿坐标系下得到的，而测量方程的初始参数是在球坐标系下得到的，因此，三维运动声阵列跟踪系统采用的是一种特殊的混合坐标系。

4. 运动声阵列跟踪系统的修正极坐标模型

由于在修正极坐标下跟踪系统的状态方程为非线性的，即 f_k 为非线性的，而系统的观测方程为线性的，即 h_{k+1} 为线性的。根据修正极坐标的定义，选择

运动声阵列跟踪系统的状态为 $X(k) = \left(\theta_k \quad \dfrac{1}{r_k} \quad \dot{\theta}_k \quad \dfrac{\dot{r}_k}{r_k} \right)^{\mathrm{T}}$，根据状态空间的变换方法可将状态方程中的 f_k 线性化，得[146]

$$f_k = A(k+1)\begin{pmatrix} 1 & 0 & T & 0 \\ 0 & 1 & 0 & T \\ 0 & 0 & 1 & 0 \\ 0 & 0 & 0 & 1 \end{pmatrix} B_k \qquad (2.52)$$

其中：$A(k+1) = \begin{pmatrix} C_{k+1} & 0_{2\times2} \\ D_{k+1} & E_{k+1} \end{pmatrix}$，$B_k = \begin{pmatrix} G_k & 0_{2\times2} \\ M_k & T_k \end{pmatrix}$，

$C_{k+1} = \begin{pmatrix} \cos\theta_{k+1} & -\sin\theta_{k+1} \\ \sin\theta_{k+1}/r_{k+1} & \cos\theta_{k+1}/r_{k+1} \end{pmatrix}$，

$D_{k+1} = \begin{pmatrix} \dfrac{\dot{r}_{k+1}\cos\theta_{k+1}}{r_{k+1}} + \dot{\theta}_{k+1}\sin\theta_{k+1} & \dfrac{\dot{r}_{k+1}\sin\theta_{k+1}}{r_{k+1}} + \dot{\theta}_{k+1}\cos\theta_{k+1} \\ \dfrac{\dot{r}_{k+1}\sin\theta_{k+1}}{r_{k+1}} - \dot{\theta}_{k+1}\cos\theta_{k+1} & \dfrac{\dot{r}_{k+1}\cos\theta_{k+1}}{r_{k+1}} + \dot{\theta}_{k+1}\sin\theta_{k+1} \end{pmatrix}$，

$E_{k+1} = \begin{pmatrix} \cos\theta_{k+1} & -\sin\theta_{k+1} \\ \sin\theta_{k+1} & \cos\theta_{k+1} \end{pmatrix}$，

$G_k = \begin{pmatrix} \cos\theta_k & -\left(\dfrac{1}{r_k}\right)^{-1}\sin\theta_k \\ -\sin\theta_k & -\left(\dfrac{1}{r_k}\right)^{-1}\cos\theta_k \end{pmatrix}$，

$M_k = \begin{pmatrix} \dfrac{\dot{r}_k}{r_k}\cos\theta_k - \dot{\theta}_k\sin\theta_k & -\left(\dfrac{1}{r_k}\right)^{-1}(\cos\theta_k + \sin\theta_k) \\ -\dot{\theta}_k\cos\theta_k - \dfrac{\dot{r}}{r_k}\sin\theta_k & -\left(\dfrac{1}{r_k}\right)^{-1}(\sin\theta_k - \cos\theta_k) \end{pmatrix}$，

$T_k = \begin{pmatrix} \cos\theta_k & \sin\theta_k \\ -\sin\theta_k & \cos\theta_k \end{pmatrix}$

将式(2.51)代入式(2.41)可得修正极坐标模型。通过状态空间变换，将非线性函数 f_k 线性化从而提高了跟踪系统的线性度，为后续跟踪滤波算法奠定理论基础。

2.5.3　模型参数分析

无论是在笛卡儿坐标系下,还是在修正极坐标系下,跟踪系统的状态模型和观测模型包含了三个基本参数:方位角 α、俯仰角 β 以及阵列与声源之间的距离 r。

三维运动声阵列在仅有角度信息条件下对静止或运动速度相对于阵列运动速度较低的目标只要两次测量点和目标不在同一直线上,理论上就可知确定目标的方位;对于匀速或加速运动目标来说,声阵列的水平方向速度和水平加速度都不是必要的,而对于距离的测量只能通过连续两次或两次以上的角度测量计算出多个连续的距离信息,通过数据融合的方法才能得到阵列与目标之间的距离。然而,这种计算距离的方法不仅误差较大,而且使得跟踪系统缺乏实时性,不利于跟踪系统的稳定性。因此,本书设计了一种弹载高度测量及记录装置。

2.5.4　弹载高度测量及记录装置

本书设计的弹载高度测量不记录装置的显著优点:①无须设置初始参数,需要给定的数据都写在程序中,工作前无须人为设置;②硬件实现装置简单;③适合于高过载、微型化情况;④考虑了温度对压力的影响,并对压力进行了补偿,提高了精度;⑤输出方式简单、直接;⑥计算时间短,电耗低,能够持续工作;⑦可用于飞行弹体或飞行器上提供载体在垂直方向上离海平面的高度值。

实现装置的特征在于它包括:数字压力传感器(MS5534)电路、中央处理器、触发电路、状态显示电路、晶振电路、回放保护电路、复位电路、存储器、串口及电源。连接关系为:数字压力传感器 MS5534 的输出端接中央处理器的输入端、触发电路的输入端;触发电路的输出端接中央处理器的输入端;晶振电路的输出端接中央处理器的输入端;状态显示电路的输出端接中央处理器的输入端;串口的输出端接中央处理器的输入端;回放保护电路的输出端接中央处理器的输入端;复位电路的输出端接中央处理器的输入端;存储器的输出端接中央处理器的输入端;电源为所有硬件设备供电。弹载高度测量及记录装置的原理框图如图 2.16 所示。

弹载高度测量及记录装置程序是由下列步骤实现的:

(1)通过传感器模块读取压力值和温度值。

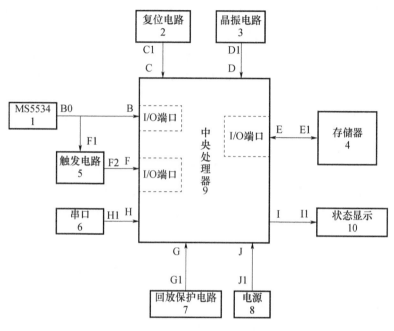

图 2.16 弹载高度测量及记录装置的原理框图

（2）读取补偿参数。

（3）修正温度变化。

（4）根据修正的温度变化进行压力补偿（具体可参考资料《MS5534 说明》）。

（5）在国际标准大气条件下，根据下式计算高度值 $H^{[147]}$，程序流程图如图 2.17 所示。

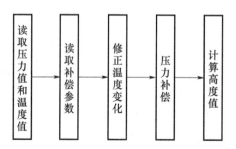

图 2.17 弹载高度测量及记录装置程序流程图

$$H = \frac{T_0}{\gamma} \left(\left(\frac{P}{P_0} \right)^{-R\gamma/g} - 1 \right) + H_0 \qquad (2.53)$$

式中：R 为空气专用气体常数,其值为 $287.05\text{m}^2/(\text{s}^2 \cdot \text{K})$;$g$ 为重力加速度;γ 为温度的垂直变化率,对于不同高度分层,γ 取值不同,高度在 $0 \sim 11\text{km}$ 时,$\gamma = -0.0065\text{K/m}$;$T_0$,$p_0$,$H_0$ 分别为参考平面的温度、压力和高度,标准大气条件下,平均海平面处,$p_0 = 101.325\text{kPa}$,$T_0 = 288.15\text{K}$,H_0 为平均海平面的高度,规定为 0m。

文献[148]同样采用了数字压力传感器 MS5534 设计了微型飞行器高度计,并且在测量温度 14℃ 左右,对所设计的高度计的性能进行了试验测试,测试结果如表 2.3 所列。从表 2.3 中测量数据可知,微型高度计在 $180 \sim 300\text{m}$ 范围内,绝对误差 $< \pm 3\text{m}$,相对误差 $< 1.0\%$,因此,以数字压力传感器 MS5534 为基础的弹载高度测量及记录装置满足三维运动声阵列对声目标跟踪系统的性能指标要求。

表 2.3　测试结果

标准高度/m	测量高度/m	绝对误差/m	相对误差/%
180.0	179.0	1.0	0.5
200.0	201.0	1.0	0.5
220.0	218.7	1.3	0.5
240.0	241.0	1.0	0.4
260.0	258.0	2.0	0.8
280.0	281.5	1.5	0.5
300.0	303.0	3.0	1.0

2.6　小结

本章以典型二维声目标声信号产生机理及特性为基础,分析了二维声目标的声源特性,得到了声信号以空气为介质的传播模型,认清了三维运动声阵列跟踪环境的物理现象,主要有以下研究结论:

(1)坦克、履带式装甲车以及汽车的噪声信号为宽带信号,功率谱密度由连续谱和离散谱构成,声能量主要集中在 1000Hz 以内,汽车的声压级远低于坦克和装甲车的声压级。

(2)在声信号的传播过程中,声信号的折射对目标方位观测的影响较大。在 3000m 处,仰角 $\theta = 45°$ 时误差达到 $2.08°$,$\theta = 30°$ 时误差达到 $3.75°$,必须对运动声阵列方位观测结果按图 2.7 进行补偿修正。而信号的反射、透射、散射等物理现象可以忽略,同时得到了包含风速下的声速线性化模型。

（3）针对传声器性能不可能完全一致的特性和工作中个别传声器由于可靠性下降或受干扰造成严重失真这一实际问题,提出基于频域一致性数据融合的多传声器综合支持度算法。该算法在传声器数量存在冗余的前提下可以对传声器接收的信号进行可靠性评估,给出相应的支持度,从而选择支持度较高的传声器进行时延估计,杜绝性能下降或干扰等造成失真的信号参与时延估计。对声信号预处理及后处理方法进行研究,预处理引用了数学再采样方法,为后续的多尺度分析奠定了基础;在定向结果后处理方面,引用了野点剔除和消除趋势项等算法。

（4）给出了三维运动声阵列跟踪系统的模型假设。在笛卡儿坐标系及修正极坐标系下,分别建立了运动声阵列跟踪系统的状态模型及观测模型,指出了三维运动声阵列跟踪系统采用的是一种特殊的混合坐标系,即为跟踪系统的状态方程是在笛卡儿坐标系下得到的,而观测方程的初始参数是在球坐标系下得到的,为后续跟踪滤波算法研究奠定了基础。

（5）结合模型参数,设计了一种包含数字压力传感器电路、中央处理器、触发电路、状态显示电路、晶振电路、回放保护电路、复位电路、存储器、串口及电源的弹载高度测量及记录装置。

第 3 章　三维运动声阵列跟踪测量 系统最佳布局

　　由图 2.10、图 2.11 可知,本书涉及的三维运动声阵列由 4 个声传感器组成,属于四元声阵列的一种。四元运动声阵列对二维声目标的观测精度很大程度上取决于声传感器的布局,然而四元运动声阵列跟踪测量系统的实际测量精度普遍低于理论精度[149],一个主要的原因就是阵列传感器的布局不合理,因此,研究四元运动声阵列的阵元布局是一项非常有意义的工作。目前,国内外学者对四元运动声阵列的阵元布局研究较少,大多数的研究工作集中于四元运动声阵列的定位、跟踪算法上[150-151]。文献[152]分析了四元运动声阵列对声目标定向和定距原理,得到了定向和定距之间的关系,给出了平面四方形阵列阵型的设计理论。文献[153]研究了均匀圆形阵列在智能雷侧向技术中的应用。文献[154]系统地分析了基于到达时间差信息定位的多传感器的布局方法,给出了对椭圆域内圆心上方目标进行定位的最优布局方案,并以此巧妙地导出了圆形平面布站域内对空中任一位置点目标定位的最优布局。随后文献[155]根据 Fisher 信息矩阵的几何特性,定义了传感器的单位球面布局,并指出决定 Fisher 信息矩阵特性的最直接因素是单位球面布局,而不是传感器的实际布局形式。上述都是基于圆形声阵列的阵元布局研究,对于平面四元声阵列的传感器布局问题并没有进行研究。

　　本章对由平面四元声阵列组成的跟踪测量系统的阵元布局进行研究。以二维目标的位置几何精度衰减因子函数最优为目标,对平面四元声阵列跟踪测量系统布局的位置坐标进行解算,分析布局精度,得到三维运动声阵列跟踪测量系统的理论最佳布局;通过静态半实物仿真试验,进行验证。结合实际的工程应用,给出三维运动声阵列跟踪测量系统阵元的工程最优布局,为运动声阵列应用于声目标跟踪奠定基础。

3.1　三维运动声阵列系统测量的最佳布局

　　三维运动声阵列的最佳布局问题是:对二维空间某被观测点,4 个声传感器基点如何布置才可以使得以方位观测为基础的声阵列的距离变动量误差对观测点的位置测量精度影响最小。为了分析方便,对系统做如下假设:①目标运动环境相同,即目标在机动、非机动、不同机动状态下的环境不变;②假设系统参数是已知的;③只考虑阵列坐标系及系统坐标系。

3.1.1　坐标解算

阵列坐标系中阵元分布示意图如图 3.1 所示,图中 T 为声目标,阵元到中心的距离为 r,各个传感器在阵列坐标系中的位置为 $X_{Ai}(0, y_{Ai}, z_{Ai})$, $i = 1, 2, 3, 4$,则有

$$y_{A1} = r\cos\alpha, \quad z_{A1} = r\sin\alpha$$
$$y_{Ai} = r\cos(\alpha + \theta_{1i}), \quad z_{Ai} = r\sin(\alpha + \theta_{1i}) \quad i = 2, 3, 4 \tag{3.1}$$

式中: θ_{1i} 为传感器 s_1 与传感器 s_i 之间的夹角; α 如图 3.1 所示。

根据坐标转换关系,将阵元坐标 X_{Ai} 转换为系统坐标系下的坐标 X'_i,可得

$$\boldsymbol{X}'_i = \boldsymbol{H}_i \boldsymbol{X}_{Ai}^{\mathrm{T}} + [x'_i, 0, 0]^{\mathrm{T}} \tag{3.2}$$

式中: $\boldsymbol{X}'_i = [x'_i, y'_i, z'_i]^{\mathrm{T}}$, $\boldsymbol{H}_i$ 为坐标转换矩阵且有 $\boldsymbol{H}_i = \begin{bmatrix} 1 & 0 & 0 \\ 0 & a_i & 0 \\ 0 & 0 & b_i \end{bmatrix}$, a_i, b_i 为坐标

转换系数。

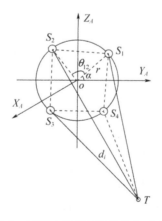

图 3.1　阵列坐标系中阵元分布示意图

在系统坐标系中,假设 k 时刻二维目标的坐标为 $X_k(x_k, y_k, 0)$,四元传感器坐标为 $X'_{ki}(x'_{ki}, y'_{ki}, z'_{ki})$,则相对于 4 个传感器可建立如下方程组:

$$\sqrt{(x_k - x'_{ki})^2 + (y_k - y'_{ki})^2 + z'^2_{ki}} = L_{ki} + l_{ki} \quad i = 1, 2, 3, 4 \tag{3.3}$$

式中:L_{ki} 为 k 时刻传感器 i 相对于目标的距离;l_{ki} 为 k 时刻传感器 i 对目标测量噪声误差。令

$$\Delta d_{ki} = \sqrt{(x_k - x'_{ki})^2 + (y_k - y'_{ki})^2 + z_{ki}^2} - (L_{ki} + l_{ki}) \quad i = 1,2,3,4 \quad (3.4)$$

在系统坐标系下,设 $k-1$ 时刻目标的观测坐标为 $Z_{k-1}(x_{k-1}, y_{k-1}, z_{k-1})$,则有 $Z_k = Z_{k-1} + \Delta Z_k$,$\Delta Z_k$ 为目标测量改变矩阵,因此求出 ΔZ_k 就可以得到目标在下一时刻的测量坐标值。式(3.4)为非线性方程,对式(3.4)进行一阶泰勒级数展开并忽略高阶项,可得

$$\Delta d'_{ki} = \rho'_{(k-1)i} + e^x_{(k-1)i}\Delta x_k + e^y_{(k-1)i}\Delta y_k + e^z_{(k-1)i}\Delta z_k - (L_{ki} + l_{ki}) \quad i = 1,2,3,4$$

$$(3.5)$$

式中:$\rho'_{(k-1)i} = \sqrt{(x_{k-1} - x'_{(k-1)i})^2 + (y_{k-1} - y'_{(k-1)i})^2 + z'^2_{(k-1)i}}$,$e^x_{(k-1)i}$,$e^y_{(k-1)i}$,$e^z_{(k-1)i}$ 为 $k-1$ 时刻的目标到传感器 i 的单位矢量 $\boldsymbol{e}_{(k-1)i}$ 的方向余弦,且有

$$e^x_{(k-1)i} = \left(\frac{\partial \Delta d'_{ki}}{\partial x}\right) = \frac{x_{(k-1)i} - x'_{(k-1)i}}{\rho'_{(k-1)i}}, e^y_{(k-1)i} = \left(\frac{\partial \Delta d'_{ki}}{\partial y}\right) = \frac{y_{(k-1)i} - y'_{(k-1)i}}{\rho'_{(k-1)i}},$$

$$e^z_{(k-1)i} = \left(\frac{\partial \Delta d'_{ki}}{\partial z}\right) = -\frac{z'_{(k-1)i}}{\rho'_{(k-1)i}} \quad (3.6)$$

此时 Δz_k 的变化为三维运动声阵列相对于系统坐标系在 Z 方向上的变化量,将上述方程写成矩阵形式,则有

$$\boldsymbol{D}'_{ki} = \boldsymbol{A}_{k-1}\Delta \boldsymbol{Z}_k - \boldsymbol{B}_k + \boldsymbol{C}_{k-1} \quad (3.7)$$

其中:$\boldsymbol{D}'_{ki} = \begin{bmatrix} \Delta d'_{k1} \\ \Delta d'_{k2} \\ \Delta d'_{k3} \\ \Delta d'_{k4} \end{bmatrix}$,$\boldsymbol{A}_{k-1} = \begin{bmatrix} e^x_{(k-1)1} & e^y_{(k-1)1} & e^z_{(k-1)1} \\ e^x_{(k-1)2} & e^y_{(k-1)2} & e^z_{(k-1)2} \\ e^x_{(k-1)3} & e^y_{(k-1)3} & e^z_{(k-1)4} \\ e^x_{(k-1)4} & e^y_{(k-1)4} & e^z_{(k-1)1} \end{bmatrix} = \begin{bmatrix} e_1^T \\ e_2^T \\ e_3^T \\ e_4^T \end{bmatrix}$,

$\Delta \boldsymbol{Z}_k = \begin{bmatrix} \Delta x_k \\ \Delta y_k \\ \Delta z_k \end{bmatrix}$,$B_k = \begin{bmatrix} L_{k1} + l_{k1} \\ L_{k2} + l_{k2} \\ L_{k3} + l_{k3} \\ L_{k4} + l_{k4} \end{bmatrix}$,$C_{k-1} = \begin{bmatrix} \rho'_{(k-1)1} \\ \rho'_{(k-1)2} \\ \rho'_{(k-1)3} \\ \rho'_{(k-1)4} \end{bmatrix}$

根据最小二乘可得 $\boldsymbol{D}'_{ki}[\boldsymbol{D}'_{ki}]^T = \min$,则有

$$\boldsymbol{A}_{k-1}^T\boldsymbol{A}_{k-1}\Delta \boldsymbol{Z}_k = \boldsymbol{A}_{k-1}^T(\boldsymbol{B}_k - \boldsymbol{C}_{k-1}) \quad (3.8)$$

则得

$$\Delta \boldsymbol{X}_k = (\boldsymbol{A}_{k-1}^T\boldsymbol{A}_{k-1})^{-1}\boldsymbol{A}_{k-1}^T(\boldsymbol{B}_k - \boldsymbol{C}_{k-1}) \quad (3.9)$$

求出 $\Delta \boldsymbol{X}_k$ 后,则按式(3.10)求得 k 时刻传感器的测量值。

$$\begin{bmatrix} x_k \\ y_k \\ z_k \end{bmatrix} = \begin{bmatrix} x_{k-1} \\ y_{k-1} \\ z_{k-1} \end{bmatrix} + \begin{bmatrix} \Delta x_k \\ \Delta y_k \\ \Delta z_k \end{bmatrix} \qquad (3.10)$$

3.1.2　精度分析

设 ΔX_k 的协方差矩阵为 $\mathrm{cov}(\Delta X_k)$，则有

$$\begin{aligned} \mathrm{cov}(\Delta X_k) &= \mathrm{cov}\{ (A_{k-1}^{\mathrm{T}} A_{k-1})^{-1} A_{k-1}^{\mathrm{T}} (B_k - C_{k-1}) [(A_{k-1}^{\mathrm{T}} A_{k-1})^{-1} A_{k-1}^{\mathrm{T}}]^{\mathrm{T}} \} \\ &= \mathrm{cov}\left\{ \begin{array}{l} (A_{k-1}^{\mathrm{T}} A_{k-1})^{-1} A_{k-1}^{\mathrm{T}} B_k [(A_{k-1}^{\mathrm{T}} A_{k-1})^{-1} A_{k-1}^{\mathrm{T}}]^{\mathrm{T}} \\ - (A_{k-1}^{\mathrm{T}} A_{k-1})^{-1} A_{k-1}^{\mathrm{T}} C_{k-1} [(A_{k-1}^{\mathrm{T}} A_{k-1})^{-1} A_{k-1}^{\mathrm{T}}]^{\mathrm{T}} \end{array} \right\} \end{aligned} \qquad (3.11)$$

相对于 k 时刻的观测值，$k-1$ 时刻的观测值为已知的，因此矩阵 C_{k-1} 为一常数矩阵，所以式(3.11)可化为

$$\begin{aligned} \mathrm{cov}(\Delta X_k) &= \mathrm{cov}\{ (A_{k-1}^{\mathrm{T}} A_{k-1})^{-1} A_{k-1}^{\mathrm{T}} B_k [(A_{k-1}^{\mathrm{T}} A_{k-1})^{-1} A_{k-1}^{\mathrm{T}}]^{\mathrm{T}} \} \\ &= (A_{k-1}^{\mathrm{T}} A_{k-1})^{-1} A_{k-1}^{\mathrm{T}} \sigma \varepsilon_{kl}^2 [(A_{k-1}^{\mathrm{T}} A_{k-1})^{-1} A_{k-1}^{\mathrm{T}}]^{\mathrm{T}} = Q_k^{-1} \sigma \varepsilon_{kl}^2 \end{aligned}$$
$$(3.12)$$

式中：$\sigma \varepsilon_{kl}$ 为单位测量标准差，且 $\sigma \varepsilon_{kl} = \sqrt{D'_{ki} \cdot (D'_{ki})^{\mathrm{T}}}$；$Q_k$ 为参数的协因数阵[156]。

则有

$$Q_k = A_{k-1}^{\mathrm{T}} A_{k-1} = \begin{bmatrix} Q_{11} & Q_{12} & Q_{13} \\ Q_{21} & Q_{22} & Q_{23} \\ Q_{31} & Q_{32} & Q_{33} \end{bmatrix} \qquad (3.13)$$

协方差阵 $\mathrm{cov}(\Delta X_k)$ 的主对角元素就是各个未知参数 $\Delta x_k, \Delta y_k$ 及 Δz_k 的方差，因此，可以得到运动声目标坐标分量的方差估计值，即

$$\sigma \varepsilon_x^2 = Q_{11} \sigma \varepsilon_{kl}^2, \sigma \varepsilon_y^2 = Q_{22} \sigma \varepsilon_{kl}^2, \sigma \varepsilon_z^2 = Q_{33} \sigma \varepsilon_{kl}^2 \qquad (3.14)$$

由此可知，运动声目标坐标的测量精度取决于两个因素：一个是单位测量标准差精度，另一个就是权系数，即 Q_{11}, Q_{22}, Q_{33}，它们是由系数矩阵 A_{k-1} 计算得到。A_{k-1} 是由一系列方向余弦构成的，且 A_{k-1} 仅与运动声目标在 $k-1$ 时刻到各个基点的单位矢量有关，而与声阵列测量精度无关。

定义目标的位置几何精度衰减因子 $\mathrm{PDOPF} = \sqrt{Q_{11} + Q_{22} + Q_{33}}$，则有 $\sigma \varepsilon_k = \mathrm{PDOPF} \cdot \sigma \varepsilon_{kl}$，因此，PDOPF 与误差存在线性关系，这样求误差最小的问题转化为求 PDOPF 的极小值问题。PDOPF 与运动声目标和 4 个声传感器的布局有关，若在某一布局下，PDOPF 取得极小值，则可认为该布局从理论上来说是最优布局。

3.1.3　观测最优布局分析

根据上述分析可知,目标的位置几何精度衰减因子 PDOPF 与声目标到阵列传感器的距离以及与跟踪系统坐标系的选择等均无关。因此,为了分析方便,如图 3.2 所示,建立矢量坐标系:以二维声目标位原点,单位矢量 e_1 投影于 x 轴上,e_2 投影于 x,y 平面上,$e_{(k-1)1},e_{(k-1)2},e_{(k-1)3},e_{(k-1)4}$ 在 x,y,z 三轴上的方向余弦分别为 l_i,m_i,n_i,以 $e_{(k-1)1}$ 为投影方向,可知 $e_{(k-1)2}>0,e_{(k-1)3}<0,e_{(k-1)4}>0$,则有

$$l_i^2 + m_i^2 + n_i^2 = 1 \quad i = 2,3,4 \tag{3.15}$$

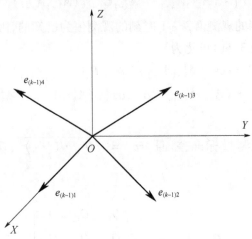

图 3.2　矢量坐标系

系数矩阵可表示为

$$A_{k-1} = \begin{bmatrix} l_{1(k-1)} & m_{(k-1)} & n_{1(k-1)} \\ l_{2(k-1)} & m_{2(k-1)} & n_{2(k-1)} \\ l_{3(k-1)} & m_{3(k-1)} & n_{3(k-1)} \\ l_{4(k-1)} & m_{4(k-1)} & n_{4(k-1)} \end{bmatrix} = \begin{bmatrix} 1 & 0 & 0 \\ l_{2(k-1)} & m_{2(k-1)} & 0 \\ l_{3(k-1)} & m_{3(k-1)} & n_{3(k-1)} \\ l_{4(k-1)} & m_{4(k-1)} & n_{4(k-1)} \end{bmatrix} \tag{3.16}$$

代入 Q_k,可得

$$Q_{11} = \big[\, (m_{(k-1)2}^2 + m_{(k-1)3}^2 + m_{(k-1)4}^2)(n_{(k-1)3}^2 + n_{(k-1)4}^2)$$
$$- (m_{(k-1)3}n_{(k-1)3} + m_{(k-1)4}n_{(k-1)4})^2 \,\big]/K$$

$$Q_{22} = \big[\, (1 + l_{(k-1)2}^2 + l_{(k-1)3}^2 + l_{(k-1)4}^2)(n_{(k-1)3}^2 + n_{(k-1)4}^2)$$
$$- (l_{(k-1)3}n_{(k-1)3} + l_{(k-1)4}n_{(k-1)4})^2 \,\big]/K$$

$$Q_{33} = \big[\big(1 + l_{(k-1)2}^2 + l_{(k-1)3}^2 + l_{(k-1)4}^2 \big) \big(m_{(k-1)2}^2 + m_{(k-1)3}^2 + m_{(k-1)4}^2 \big)$$
$$- \big(l_{(k-1)2} m_{(k-1)2} + l_{(k-1)3} m_{(k-1)3} + l_{(k-1)4} m_{(k-1)4} \big)^2 \big] / K \tag{3.17}$$

式中:$K = \det(A^{\mathrm{T}} A)$,则有

$$\mathrm{PDOPF} = \sqrt{D/K} \tag{3.18}$$

式中:$D = \big(1 + \sum\limits_{i=2}^4 l_i^2 \big) \big(\sum\limits_{i=3}^4 n_i^2 + \sum\limits_{i=2}^4 m_i^2 \big) + \sum\limits_{i=2}^4 m_i^2 \sum\limits_{i=3}^4 n_i^2 - \big(\sum\limits_{i=2}^4 m_i l_i \big)^2 - \big(\sum\limits_{i=3}^4 m_i n_i \big)^2 -$

$\big(\sum\limits_{i=3}^4 n_i l_i \big)^2$。

为了研究在式(3.15)条件下的 PDOPF 的最小值问题,引入含有拉格朗日系数 $\lambda_1,\lambda_2,\lambda_3$ 的函数 $F(D,K,\lambda_1,\lambda_2,\lambda_3)$,根据拉格朗日极值求解法则,可令

$$F = D/K + \lambda_2 (l_2^2 + m_2^2 - 1) + \lambda_3 (l_3^2 + m_3^2 + n_3^2 - 1) + \lambda_4 (l_4^2 + m_4^2 + n_4^2 - 1) \tag{3.19}$$

对式(3.19)按照变量 $l_2,l_3,l_4,m_2,m_3,m_4,n_3,n_4$ 求导,则有

$$\frac{\partial F}{\partial s} = \frac{D_s K - D K_s}{K^2} + 2\lambda_i s = 0 \tag{3.20}$$

其中 $s = l_2,l_3,l_4,m_2,m_3,m_4,n_3,n_4,i=2,3,4$。

结合式(3.16)、式(3.20)及约束条件 $e_{(k-1)2} > 0, e_{(k-1)3} < 0, e_{(k-1)4} > 0$,可解

得 $A_{k-1} = \begin{bmatrix} 1 & 0 & 0 \\ 0.65 & 0.76 & 0 \\ -0.65 & -0.38 & -0.66 \\ 0.65 & 0.38 & 0.66 \end{bmatrix}$

结合图 3.1,可求得

$$\angle S_1 T S_2 = 40.3°, \angle S_2 T S_3 = 41.2°, \angle S_3 T S_4 = 41.5°, \angle S_1 T S_4 = 42.7° \tag{3.21}$$

根据正弦定理可知

$$\frac{d_i}{\sin \angle T S_i S_j} = \frac{S_i S_j}{\sin \angle S_i T S_j}, i,j = 1,2,3,4, i \neq j \tag{3.22}$$

$$\frac{r}{\sin \angle o S_i S_j} = \frac{S_i S_j}{\sin \theta_{ij}}, i,j = 1,2,3,4, i \neq j \tag{3.23}$$

结合式(3.21)、式(3.22)、式(3.23)可求得

$$\theta_{21} = 86.97°, \theta_{32} = 89.35°, \theta_{43} = 90.24°, \theta_{41} = 93.44° \tag{3.24}$$

根据式(3.24)求得

$$\mathrm{PDOPF}_{\min} = \sqrt{Q_{11} + Q_{22} + Q_{33}} = 0.5032 \tag{3.25}$$

由上述分析可知,阵元夹角与各个阵元等间距分布时最大差值为 $\Delta\theta = 3.44°$,在实际工程应用中,由于 $r^2 \ll d^2$,则 $\sin\Delta\theta = \sin 3.44 = 0.06$ 可忽略。又因为研究的三维运动声阵列是以智能子弹药的应用为背景,考虑弹体在三维空间的气动平衡、弹体姿态调整以及便于声阵列的加工安装,因此,经常设计阵元之间的夹角相等,即 $\theta = 90°$,此时 $\angle S_1TS_2 = \angle S_2TS_3 = \angle S_3TS_4 = \angle S_1TS_4 = 41.4°$,$\text{PDOPF}_{90°} = 0.5753$。根据上述分析可知,观测系统的 PDOPF 越高,则观测系统的测量精度越低,因此,从理论上可知观测系统的 PDOPF 值可以作为系统观测精度的度量指标。

3.2 静态定向试验研究

3.2.1 试验设计

为了验证不同布局方式下的观测信号对阵列定向精度的影响以及上述理论分析及实际工程应用的合理性,设计了静态声阵列定向半实物仿真试验。试验中,采用高保真音箱播放行驶过程中的坦克噪声来模拟目标声源,由于音箱体积较小,因此,在近距离时可以认为声源是球形声源。设计了可变结构的声阵列装置,并安装在三轴转台上,用于模拟阵列随载体做三维运动的姿态。

图 3.3 所示为可变结构的四元声阵列,A、B、C、D 四个声传感器安装在同一平面上。载体平面均匀分成 12 份,夹角为 30°,如图 3.3 中的 1,2,3,…,12。图 3.4 所示为四元声阵列试验平台。

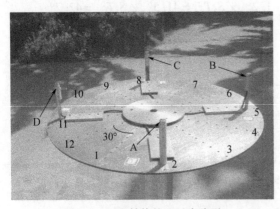

图 3.3 可变结构的四元声阵列

图 3.4 四元声阵列试验平台

静态声阵列定向半实物仿真试验装置包括传声器组、调理放大电路、数据采集卡、可调结构的声阵列装置、滤波电路,数据采集卡包括 A/D 转换器和记录仪。半实物仿真流程如图 3.5 所示。

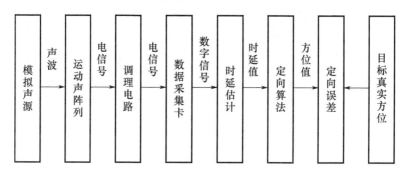

图 3.5　半实物仿真流程

声阵列观测到模拟声源发出的声波,并以电压信号的形式被接收,经过可调节放大倍数的放大电路后形成放大信号,利用低通滤波电路对多路电压信号进行滤波处理,此后,信号经 A/D 转换并存储于记录仪内,半实物仿真信号处理流程如图 3.6 所示。

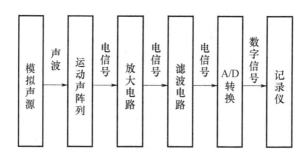

图 3.6　半实物仿真信号处理流程

信号调理器的作用是实现电荷量信号到电压量信号的转换和放大,将传声器输出信号进行线性化。与信号滤波器相同的一个功能是可以对信号进行滤波。在测量系统中,传感器输出信号一般都比较小,不能直接用来显示、记录、控制或进行 A/D 转换。高精度的测量系统中必须采用信号调理器,本系统中采用的是数据放大器。由于运算放大器的输出阻抗远远小于反馈阻抗,所以予以忽略。图 3.7 为实验过程所用信号调理器,其中 1、2、3、4 分别为四个传声器接头,5 为电池,6 为实验信号调理器。

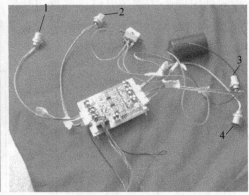

图 3.7　调理板及其与传声器的接线

PXI 信号采集仪可以对信号进行频谱分析及相关分析。图 3.8 所示为 PXI 信号采集仪及其中两通道信号的互相关效果。

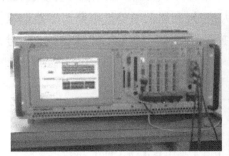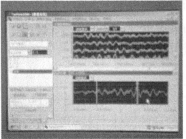

图 3.8　PXI 信号采集仪及其中两通道信号互相关效果

图 3.9 为试验布置示意图,4 个声传感器 1、2、3、4 布置在直径为 1m 的圆盘上,以声源为坐标原点,建立系统坐标系,声阵列离地面的高度 2.3m,声源离地面高度 1m,声阵列观测中心到声源的真实仰角为 20°,试验中四元声传感器布局分为四种(只考虑在给定阵元半径下的四元传感器布局问题),即

(1)相邻传感器之间的夹角为 90°,传感器均匀分布。

(2)$\theta_{AB}=60°$,$\theta_{BC}=120°$,$\theta_{CD}=90°$,$\theta_{DA}=90°$。

(3)$\theta_{AB}=120°$,$\theta_{BC}=120°$,$\theta_{CD}=60°$,$\theta_{DA}=60°$。

(4)$\theta_{AB}=90°$,$\theta_{BC}=120°$,$\theta_{CD}=90°$,$\theta_{DA}=120°$。

试验条件为:声传感器型号为 HY205,灵敏度为 50mv/Pa,采样频率为 312.5kHz,声阵列半径为 0.5m,室内声速为 341.5m/s。

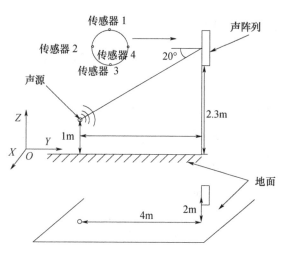

图3.9 试验布置示意图

3.2.2 计算系数矩阵

由图3.9可知,以声源为坐标原点建立测量系统坐标系,根据图3.9中相对距离,可知传感器布局(A)中,传感器1、传感器2、传感器3、传感器4的坐标分别为($-2,4,1.8$),($-2.5,4,1.3$)、($-2,4,0.8$),($-1.5,4,1.3$)。

根据系数矩阵 A_{k-1} 的表示含义,可计算出此时的系数矩阵 A_{k-1} 为

$$A_{k-1} = \begin{bmatrix} -0.1167 & 0.2334 & 0.1050 \\ -0.1416 & 0.2265 & 0.0736 \\ -0.1314 & 0.2628 & 0.0526 \\ -0.0985 & 0.2628 & 0.0854 \end{bmatrix} \tag{3.26}$$

将式(3.26)代入式(3.13),则有

$$Q_k = A_{k-1}^{\mathrm{T}} A_{k-1} = \begin{bmatrix} 0.0606 & -0.1197 & -0.038 \\ -0.1197 & 0.2438 & 0.0774 \\ -0.038 & 0.0774 & 0.0265 \end{bmatrix} \tag{3.27}$$

因此,计算PDOPF$_A$可得

$$\mathrm{PDOPF}_A = \sqrt{Q_{11} + Q_{22} + Q_{33}} = 0.5753 \tag{3.28}$$

同理,可求得传感器在布局 B、C、D 时的 PDOPF 值,即

$$\mathrm{PDOPF}_B = 0.6028, \mathrm{PDOPF}_C = 0.6574, \mathrm{PDOPF}_D = 0.8579 \tag{3.29}$$

73

3.2.3 方位角计算及分析

采用三角定向算法对声源的方位角进行了估算,试验结果如图 3.10 所示,四种布局方案估计数据统计如表 3.1 所列。

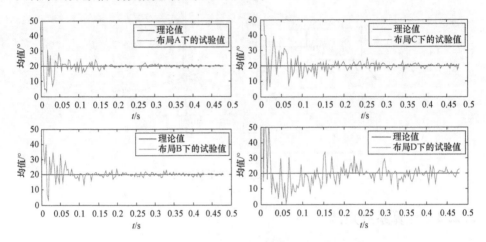

图 3.10 不同传感器布局定向估计图

表 3.1 四种布局方案估计统计

类型 \ 布局	布局 A	布局 B	布局 C	布局 D
均值/(°)	20.5473	20.9947	21.2815	22.3248
PDOPF 值	0.5753	0.6028	0.6574	0.8579
相对误差/%	2.74	4.97	6.08	11.62

由图 3.10 可知,四种传感器布局在试验初期都出现了较大的误差,这主要由初始时刻系统的观测随机性以及数据处理的不稳定因素造成,随着后续计算及观测的稳定,这种误差逐渐减少。根据表 3.1 可知,在布局 A、B、C 和 D 下阵列对声源方位估计的均值分别为 20.5473、20.9947、21.2815、22.3248,PDOPF 值分别为 0.5753、0.6028、0.6574 和 0.8579。在四种布局下,布局 A 不仅在方位估计的精度上明显优于其他三种布局,A 方位估计的相对误差为 2.74%,并且布局 A 的 PDOPF 值最小。同样,布局 D 的方位估计精度最低,相对误差达到了 11.62%,不能满足工程的实际需要,并且布局 D 的 PDOPF 值最大。从系统的稳定上来分析,在相同的条件下,布局 A 能够使得阵列系统快速收敛,稳定性较好。同时从书中提出的 PDOPF 来分析,阵列布局的 PDOPF 越高,则阵列观测

系统的方位估计精度越低,系统定向的相对误差越大。出现上述现象的主要原因就是不同的布局方式对测量信息的影响,使得阵列系统对声源信息观测精度降低。因此,静态定向试验验证了"阵列观测系统的 PDOPF 值越高,阵列的方位观测精度越低"这一结论,也说明了 PDOPF 值可以作为阵列观测系统方位检测精度的衡量指标。

3.3　小结

本章以二维目标的位置几何精度衰减因子函数最优为目标,系统地研究了四元三维运动声阵列阵元布局情况,主要有以下研究结论:

（1）从理论上提出了一种度量四元三维运动声阵列观测系统测量精度的指标,即 PDOPF。

（2）通过理论分析,得到了四元三维运动声阵列的理论最佳布局方式,即在阵列半径恒定下,各个相邻阵元到阵列中心的矢量夹角分别为 $\theta_{21} = 86.97°$、$\theta_{32} = 89.35°$、$\theta_{43} = 90.24°$、$\theta_{41} = 93.44°$,此时 $\mathrm{PDOPF_{min}} = 0.5032$;同时分析了运动声阵列的工程应用最佳布局,即各个相邻阵元到阵列中心的矢量夹角相等且为 90°,此时 $\mathrm{PDOPF_{90°}} = 0.5753$。

（3）通过试验验证了 PDOPF 作为衡量系统观测精度的可行性,且阵列观测系统的 PDOPF 值越高,阵列的方位观测精度越低,同时证明了工程实际应用中三维运动声阵列布局的可靠性和有效性。

第4章　三维运动声阵列观测信号预处理技术

从单机动目标跟踪基本要素来说,观测信号预处理也可以称为量测数据形成与处理。观测信号既可以等周期获取,也可以变周期获取,然而,实际问题中常常遇到等速率信号采集,因此,本书主要讨论等周期采样。量测信号大多含有噪声和杂波(多声目标情况下),为了提高声目标的方位估计及状态估计精度,通常采用信号预处理技术以提高信噪比(SNR)。

三维运动声阵列在战场环境中,观测到的声信号一般为非线性、非稳态信号,常常包含仪器噪声、环境噪声以及信道噪声等,因此,传统的信号预处理技术受到了一定的限制。本书的观测系统是由四个声传感器组成的声阵列,属于多传感器观测范围。如果对单个传感器观测信号分别进行处理,不仅增加了系统的计算力,而且还忽略了各个信号之间的关联信息。随着信息融合理论的发展和完善,多传感器观测信号融合预处理技术得到越来越多的关注[157-162]。此外,在观测信号中包含着目标状态信息,并且声目标在不同的运动状态下辐射的声信号不同,通过对观测声信号预处理可以得到目标在不同运动状态下的细节信号,从而为目标机动检测和辨识提供了理论依据。

本章首先对战场环境下的干扰信号进行分析,在阵列多传感器观测信号预处理方法中,提出正交小波多尺度观测信号预处理算法,并通过"静态"及"动态"半实物仿真试验进行验证研究;而在单通道观测信号预处理方法中,基于EMD理论,分析IMF频谱特性,结合本书研究的典型声目标声信号特性,对观测信号进行预处理,同样的信号分析验证该算法的有效性。此外,提出一种针对信号几何窗口的变量——"当前"平均改变能量(Current Average Change Energy,CACE),利用该变量推导基于"当前"平均改变能量的机动检测算法,将"当前"机动改变能量调制到CACE上,得到"当前"平均改变能量机动辨识准则。最后设计一种基于matlab的声信号预处理软件。

4.1　干扰信号对观测信号的影响分析

对三维运动声阵列跟踪系统而言,干扰信号对目标跟踪的影响有两个方面的含义:一是干扰信号具有观测信号的特征,即跟踪系统把干扰信号误认为目标信号;二是干扰信号与观测信号同时存在,跟踪系统能否在强干扰信号下有效地提取观测信号,实现对目标方位及运动状态的估计。前一个问题可以理解为"虚警",后一个问题可以理解为"漏警"。因此,要"去除"或是"降低"干扰信号对观测信号的影响,首先就得对干扰信号的特征进行分析,本书主要讨论枪炮噪声信号以及风雨噪声信号对观测信号的影响。

4.1.1　枪炮噪声信号对观测信号的影响

枪、炮射击噪声主要由两部分组成:一部分为弹丸以超声速飞行而形成的冲击噪声,但是这部分噪声在空气中衰减较快[163];另一部分是火药燃烧产业的高温、高压气体急剧膨胀压缩膛口周围的空气,引起空气剧烈扰动而形成的冲击波产生的噪声。一般后者比前者高几十分贝。膛口噪声为强脉冲声,其声压峰值比有效声压高十几到二十多分贝,持续时间为十几毫秒,具有较强的指向性,声能分布不均匀,主要集中在 ±75° 方位内。通过对火炮、半自动步枪以及机枪噪声信号的分析,可知:①火炮噪声信号为宽带信号,噪声峰值频率一般在 80～500Hz 内;②半自动步枪及机枪的噪声信号也为宽带信号,机枪噪声信号能量分布均匀,半自动步枪峰值频率一般在 2500～1000Hz 范围内;③枪、炮噪声信号声压级较大,但是频率结构与坦克、装甲车信号明显不同,在 100Hz 以内,其没有明显的特征谱峰;④枪、炮噪声信号在时域上表现为冲击脉冲,在时域上采取信号预处理技术可以减少枪、炮噪声的干扰。根据上述分析可知,枪、炮噪声信号与观测信号同时存在时,可能会造成观测系统的"漏警"现象。

4.1.2　风雨噪声信号对观测信号的影响

风、雨是两种典型的自然界噪声源,风声主要是由空气的不规则运动及气流与地面物体摩擦而产生,雨声主要是由雨点下落时与地面物体的碰撞而产生。通过对风、雨噪声信号的频谱分析,可知:风、雨噪声信号为一宽带信号,不同风速下的风噪声在小于 100Hz 的低频段内有一部分较强的分量存在,并且随着风速的增加,这部分分量的频带也增加;雨噪声信号能量分布均匀,主要集中在 80～200Hz 低频区间。实际上,对于风、雨噪声的干扰可以采取加防风罩和防雨罩等措施来加以抑制,采用风挡技术可将风噪声信号减少到 10dB 以下,在某种程度上使风对观测信号的影响可以忽略不计。

4.2　正交小波多尺度阵列观测信息融合预处理算法

小波分析是一门新兴的数学学科,具有深刻的理论和广泛的应用双重意义,是傅里叶分析划时代的发展结果[164-168]。目前,小波分析是公认的最新时频分析工具之一,其"数学显微镜"和"自适应性"性质是多学科工作者的共同关注焦点[169-173]。多尺度分析是在函数空间里,将信号描述为一列近似函数的极限,每一个都是对信号函数的平滑逼近,而且具有越来越细的近似函数。本节首先简述了小波变换及正交小波多尺度分析的基本理论,然后对最佳小波基函数进行了研究,根据正交小波多尺度分析理论对试验采集的声信号进行了分解和重构,验证了在降噪方面的有效性。

4.2.1　小波变换基本理论

所谓小波是指由经过伸缩和平移后形成的一族函数,即

$$\varphi_{(a,b)}(t) = \frac{1}{\sqrt{a}}\varphi\left(\frac{t-b}{a}\right), a,b \in R; a \neq 0 \tag{4.1}$$

为一个小波序列,其中 a 为伸缩因子,b 为平移因子。对于任意的函数 $f(t) \in L^2(R)$ 的连续小波变换为

$$W_f(a,b) = <f,\varphi_{(a,b)}> = |a|^{-1/2}\int_R f(t)\varphi\left(\frac{t-b}{a}\right)\mathrm{d}t \tag{4.2}$$

其重构(反变换)公式为

$$f(t) = \frac{1}{C_\varphi}\int_{-\infty}^{+\infty}\int_{-\infty}^{+\infty}\frac{1}{a^2}W_f(a,b)\varphi\left(\frac{t-b}{a}\right)\mathrm{d}a\mathrm{d}b \tag{4.3}$$

式中:$C_\varphi = \int_{-\infty}^{+\infty}\frac{|\hat{\varphi}(\omega)|^2}{|\omega|}\mathrm{d}\omega$,$\hat{\varphi}(\omega)$ 为 $\varphi(t)$ 的傅里叶变换。

小波变换可以看做时频窗口自适应变化的窗口傅里叶变换(也称短时傅里叶变换,其窗口大小及形状不随频率变化)。当 a 值减小时,$\varphi_{a,b}(t)$ 的时窗宽度减小,时间分辨力提高,$\varphi_{(a,b)}(t)$ 的频谱向高频方向移动,相当于对高频信号做分辨力较高的分析,即用高频小波做细致观察,可用于对短时高频成分进行准确定位;当 a 值增大时,$\varphi_{(a,b)}(t)$ 的时窗宽度增大,时间分辨力降低,而频窗宽度减小,频率分辨力高,$\varphi_{(a,b)}(t)$ 的频谱向低频移动,相当于用低频小波做概貌观察,可用于对低频缓变信号进行精确的趋势分析。

4.2.2　正交小波多尺度分析

空间 $L^2(R)$ 内的多尺度分析是指构造 $L^2(R)$ 空间内的一个子空间列 $\{V_j, j \in Z\}$，使它具备以下性质：

(1)单调性。$V_j \subset V_{j+1}$，$\forall j \in Z$。

(2)逼近性。close $\left\{ \bigcup\limits_{j=-\infty}^{\infty} V_j \right\} = L^2(R)$，$\bigcap\limits_{j=-\infty}^{\infty} V_j = \{0\}$。

(3)伸缩性。$\phi(t) \in V_j \Leftrightarrow \phi(2t) \in V_{j+1}$，$\forall j \in Z$。

(4)平移不变性。$\phi(t) \in V_j \Leftrightarrow \phi(t - 2^j k) \in V_j$，$\forall k \in Z$。

(5)Riesz 基存在性。存在 $\phi(t) \in V_0$，使得 $\{\phi(t - 2^j k)$，$\forall k \in Z\}$ 构成 V_j 的 Riesz 基。

若用 A_j 表示分辨力 2^j 逼近信号 $Z(k)$ 的算子,则在分辨力为 2^j 的所有逼近函数 $g(k)$ 中,$A_j Z(k)$ 是与 $Z(k)$ 最类似的函数,即

$$\| g(k) - Z(k) \| \geqslant \| A_j Z(k) - Z(k) \|，\forall g(k) \in V_j \tag{4.4}$$

也就是说,逼近算子 A_j 是在空间 V_j 上的正交投影,这一性质也可以称为多尺度分析的类似性。

二进制小波在信号分解的每一层,总是将频带等分为两部分,只对低频部分随着尺度的增加而进一步细分,对高频则不处理,然而,这对于一些窄带信号的处理就不是特别理想。q 带正交小波变换对于信号的分解是将同一频率带等分为 m 段,相对于二进制小波对高频部分的划分就更加细,从而在高频处理上优于二进制小波,而且实验证明它对普通信号处理的效果也比较理想[174-176]。

若满足

$$\varphi(t) = \sum_{n=-\infty}^{\infty} h(n) \varphi(qt - n) \quad \varphi(t) \in L^2(R) \tag{4.5}$$

则称 $\varphi(t)$ 是 q 尺度分析的尺度函数,并对应于 $(q-1)$ 个小波 $\varphi^{(i)}(t)$,满足

$$\varphi^{(i)}(t) = \sum_{n=-\infty}^{\infty} g^{(i)}(n) \phi(qt - n)，i = 1,2,\cdots,q-1 \tag{4.6}$$

令 $\phi_{j,k}(t) = q^{j/2} \phi(q^j t - k)$，$\varphi_{j,k}^i(t) = q^{j/2} \varphi(q^j t - k)$，并记尺度空间子 V_j 和小波空间子 w_j 分别为 $V_j = \text{span}\{\phi_{j,k}, k \in Z\}$，$W_j^i = \text{span}\{\varphi_{j,k}^i, k \in Z\}$，则对于观测信号 $Z(k)$ 在一定的尺度/分辨力下,其分解和重构公式如下:

$$Z(k) = A_j Z(k) + \sum_{i=1}^{q-1} \sum_{j=1}^{J} D_j^{(i)} Z(k) \tag{4.7}$$

$$A_j Z(k) = q^{-1/2} \sum_{k=-\infty}^{\infty} h(n-qk)A_{j+1} + q^{-1/2} \sum_{i=1}^{q-1} \sum_{k=-\infty}^{\infty} g^{(i)}(n-qk)D_j^{(i)}Z(k) \quad (4.8)$$

式中：$A_j Z(k)$ 为信号 $Z(k)$ 的离散逼近；$\displaystyle\sum_{i=1}^{q-1} \sum_{j=1}^{J} D_j^{(i)} Z(k)$ 为信号的细节信号。因此，用多尺度分析工具可以将信号 $Z(k)$ 分解为近似信号与细节信号之和，再通过重构可以对原始信号进行有效的滤波处理，提高信号的信噪比。

4.2.3　阵列观测信号融合方式

本书研究的阵列是由四元声传感器组成的正四方形阵列，因此，阵列观测信号融合技术属于多传感器信息融合技术的一种。其是综合利用多声传感器信息，通过它们之间的协调和性能互补的优势，克服单个声传感器的不确定性和局限性，提高整个声传感器系统有效性能，全面准确地描述被测目标。多声传感器信号融合具有以下四个方面的特点：信息的冗余性、信息的互补性、信息的实时性和信息的低成本性[177]。其通常可分为同步和异步两大类，进一步可细分为等采样率同时采样，等采样率非同时采样以及非等采样率非同时采样三种情况。本书采用的是等采样率同时采样的多声传感器同步采样系统，即各声传感器既同时采样又具有相同的采样率，如图 4.1 所示。

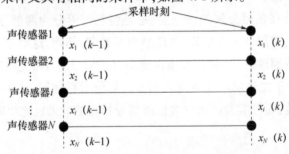

图 4.1　多声传感器同步采样示意图

本书试验过程中采用同类同介质的声传感器，阵列观测信号融合过程采用集中式直接融合声传感器数据，其融合结构模型如图 4.2 所示。

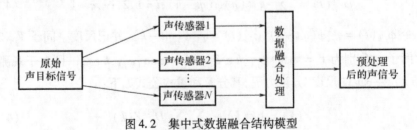

图 4.2　集中式数据融合结构模型

4.2.4 阵列观测信号融合预处理算法

图 4.3 所示为阵列观测信号融合预处理算法流程框图,该算法主要分为以下几个步骤:

(1)正交分解。阵列传感器 1、2、3、4 观测得到四路声信号,随机将四路声信号每三个分为一组,共分为 4 组。根据正交小波多尺度分析理论对 4 组声信号分别进行多尺度分解,每路信号得到 M 层逼近(近似)信号及细节信号,则四组信号共得到 M 层逼近信号和细节信号。同时,将四组的逼近信号和细节信号分开归类,设 $ca_{ij}, cd_{ij}, i=1,2,3,4; j=1,2,\cdots,M$,分别表示第 i 组第 j 层细节信号和逼近信号,则分类得到的所有细节信号及逼近信号矩阵为

$$CD = \begin{bmatrix} cd_{11} & cd_{12} & \cdots & cd_{1M} \\ cd_{21} & cd_{22} & \cdots & cd_{2M} \\ cd_{31} & cd_{32} & \cdots & cd_{3M} \\ cd_{41} & cd_{42} & \cdots & cd_{4M} \end{bmatrix}, CA = \begin{bmatrix} ca_{11} & ca_{12} & \cdots & ca_{1M} \\ ca_{21} & ca_{22} & \cdots & ca_{2M} \\ ca_{31} & ca_{32} & \cdots & ca_{3M} \\ ca_{41} & ca_{42} & \cdots & ca_{4M} \end{bmatrix} \quad (4.9)$$

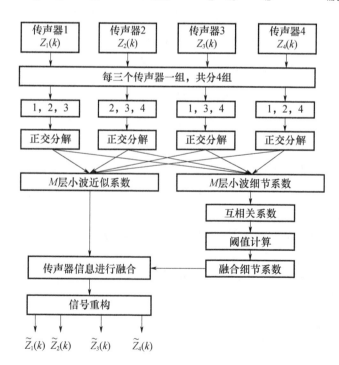

图 4.3 阵列观测信号融合预处理算法流程图

(2)阀值计算。阀值计算是阵列观测信号融合预处理算法的关键。根据 2.1 节及 4.1 节所述部分可知,本书中坦克、履带式装甲车以及战场干扰信号都为宽带信号。利用正交小波多尺度分析理论将观测信号分解为逼近信号与细节信号之后,噪声主要集中表现在细节信号分量上。对于特定的战场环境下,干扰信号的变化可以忽略,也就是在一段时间内,干扰信号是一定的,因此,对观测信号预处理也就是去除观测信号中的干扰信号。根据上述分析可知,干扰信号主要集中于细节信号中。但是在实际的工程应用中,细节信号并不完全是干扰信号,这样需要对部分干扰信号进行预处理。利用各组细节信号的互相关性来确定融合算法的阀值。设细节信号 cd_{ij}^m、cd_{ij}^m, $i,l=1,2,3,4$ 且 $i \neq l$, $m=1,2,\cdots,M$ 的互相关系数为 $\mathrm{coef}(cd_n^m)$,则有

$$\mathrm{coef}(cd_n^m) = \frac{E\{[cd_{ij}^m - E(cd_{ij}^m)][cd_{ij}^m - E(cd_{ij}^m)]\}}{\sqrt{D(cd_{ij}^m)}\sqrt{D(cd_{ij}^m)}} \tag{4.10}$$

式中:$E(cd_{ij}^m)$、$\sqrt{D(cd_{ij}^m)}$ 分别为第 i 组第 j 层细节信号的均值、方差;$\mathrm{coef}(cd_n^m)$ 表示第 m 层细节信号的第 n 个互相关系数,写成矩阵形式为

$$\mathrm{coef}(CD) = [\mathrm{coef}(CD_1)\,\mathrm{coef}(CD_2)\,\mathrm{coef}(CD_3)] \tag{4.11}$$

$$其中:\mathrm{coef}(CD_1) = \begin{bmatrix} \mathrm{coef}(cd_{12}^1) & \mathrm{coef}(cd_{12}^2) & \cdots & \mathrm{coef}(cd_{12}^M) \\ \mathrm{coef}(cd_{13}^1) & \mathrm{coef}(cd_{13}^2) & \cdots & \mathrm{coef}(cd_{13}^M) \\ \mathrm{coef}(cd_{14}^1) & \mathrm{coef}(cd_{14}^2) & \cdots & \mathrm{coef}(cd_{14}^M) \end{bmatrix},$$

$$\mathrm{coef}(CD_2) = \begin{bmatrix} \mathrm{coef}(cd_{23}^1) & \mathrm{coef}(cd_{23}^2) & \cdots & \mathrm{coef}(cd_{23}^M) \\ \mathrm{coef}(cd_{24}^1) & \mathrm{coef}(cd_{24}^2) & \cdots & \mathrm{coef}(cd_{24}^M) \end{bmatrix},$$

$\mathrm{coef}(CD_3) = [\mathrm{coef}(cd_{34}^1) \quad \mathrm{coef}(cd_{34}^2) \cdots \mathrm{coef}(cd_{34}^M)]$,$\mathrm{coef}(cd_{12}^1)$ 表示细节信号 cd_{11}(传感器 1 的第 1 层细节信号)和 cd_{21}(传感器 2 的第 1 层细节信号)的第一层相关系数。

设定细节阀值 δ_{cd} 为细节信号的均值互相关系数,则有

$$\delta_{cd} = \left(\sum_{j=2}^4 \sum_{m=1}^M \mathrm{coef}(cd_{1j}^m) + \sum_{j=3}^4 \sum_{m=1}^M \mathrm{coef}(cd_{2j}^m) + \sum_{m=1}^M \mathrm{coef}(cd_{34}^m) \right) / 6M \tag{4.12}$$

因此,融合细节信号 $\tilde{cd}$ 的集合则为

$$cd' = \begin{cases} \{cd_{im}, cd_{jm}, i,j=1,2,3,4 \text{ 且 } i \neq j\} & \mathrm{coef}(cd_{ij}^m) \leqslant \delta_{cd} \\ 0? & \mathrm{coef}(cd_{ij}^m) > \delta_{cd} \end{cases} \tag{4.13}$$

从式(4.13)中求得参与阵列观测信号融合的细节信号。

（3）观测信号重构。根据上述分析，将细节信号 cd' 及逼近信号 CA 按照式（4.8）进行重构，得到阵列观测的重构信号。

4.3　观测信号分析

4.3.1　试验仪器声传感器的布置结构

根据第 3 章观测系统最佳布局分析，本次试验采用的四元声传感器布局成正四方形结构，即相邻传感器之间的夹角为90°。图 4.4 为四元传感器布置结构图，将带有椭圆量角器的传声器标号定为 1#，逆时针旋转依次获得 2#、3#和4#传声器。

图 4.4　声传感器布置结构图

在阵列信号的采集中，观测信号是真实信号与噪声信号的"共同体"，为了验证提出的阵列观测信号融合预处理算法的有效性，分别在静态及动态下进行了半实物仿真试验。"静态"是指试验中声传感器阵列及声目标的运动状态是静止，"动态"是指试验中声传感器阵列做旋转运动（旋转运动可以根据刚体的动力学理论将旋转运动转化为平动），且声目标分别做以下三种运动：匀速运动、匀加速运动、转弯运动。

4.3.2　静态观测信号预处理

在静态观测信号预处理半实物仿真试验中,为了验证提出的阵列观测信息融合预处理算法的有效性,将其与常用的小波分层阈值滤波和全局阈值滤波进行了对比,分别从信号的信噪比(SNR,预处理前后信号的 SNR)、能量比(预处理之后信号能量与预处理前信号能量之比)、标准差(预处理前后信号的标准差)以及相关系数(预处理前后信号的相关系数,可用于判断预处理后信号与原始信号的相似程度)四个方面进行了对比说明。

图 4.5 为 SNR = 12dB 的某坦克四路观测信号,图 4.6、图 4.7、图 4.8 分别为 SNR = 12dB 的全局阈值、分层阈值以及融合预处理结果。从预处理之后观测信息的波形分析,本书提出的分层预处理结果的观测信号波形光滑性较好,明显滤掉了观测信号中有用的高频成分;从波形的相似性分析,全局阈值预处理结果和融合预处理结果同原始四路观测信号的波形相似性较好,但是分层阈值预处理结果的波形与原始波形相似度较差,而全局阈值预处理结构信号的波动比融合预处理信号的波动程度要大。

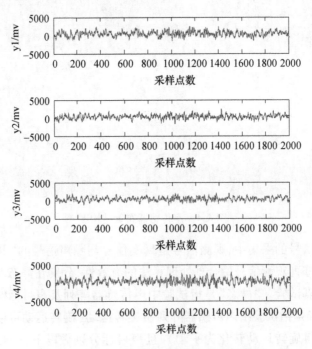

图 4.5　SNR = 12dB 时某坦克四路观测信号

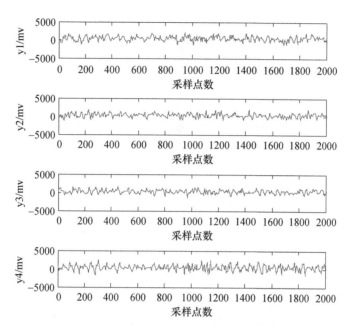

图 4.6　SNR = 12dB 时全局阈值预处理结果

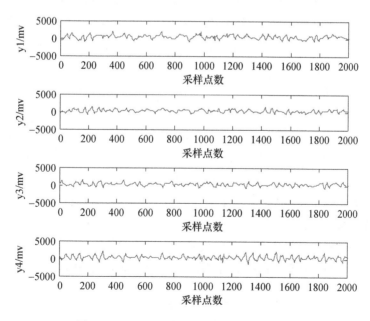

图 4.7　SNR = 12dB 时分层阈值预处理结果

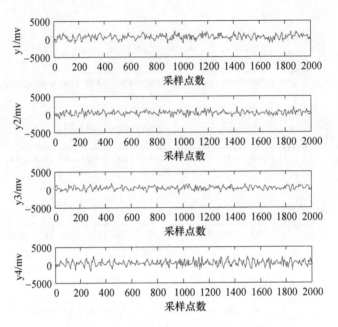

图 4.8　SNR = 12dB 时融合预处理结果

表 4.1 为 SNR = 12dB 时某坦克四路观测信号预处理结果统计。从能量比分析三种预处理算法的结果可知,融合预处理算法的能量比值最高,而分层阈值预处理算法的能量比值最低,这是因为观测信号在分层处理时,强制对信号中的高频成分进行滤波,从而使得重构信号的能量降低,而对于三维运动声阵列对声目标跟踪来说,声能是一种重要的影响因素,声能高,对目标方位及状态估计的精度相对较高;从标准差分析三种预处理算法的结果可知,融合预处理算法的标准差值最低,说明融合预处理后,阵列观测信号的波动程度较低,出现奇异值等情况的几率大大降低,同样在某种程度上说明了阵列观测到的声信号具有较好的稳定性;从相关系数分析三种预处理算法的结果可知,融合预处理算法的相关系数最高,再次说明了融合预处理后,信号的波形特征与原始信号的波形特征最为相似。

令阵列传感器观测时域信号的失真为 $e(k) = Z(k) - S(k)$,其中 $Z(k)$ 为阵列观测信号,$S(k)$ 为预处理后信号,则波形信号的信噪比定义为[178]

$$\mathrm{SNR} = 10 \times \lg \frac{\sum \left[S(k) \right]^2}{\sum \left[e(k) \right]^2} \tag{4.14}$$

根据式(4.14)分别求得在不同输入 SNR 下阵列观测信号预处理后的输出 SNR 值,如表 4.2 所列。融合预处理后输出的 SNR 值最高,说明该算法在提高信噪比方面明显强于全局阈值预处理及分层阈值预处理算法。

表 4.1　SNR = 12dB 时某坦克四路观测信号预处理结果统计

传感器编号	量化	全局阈值预处理	分层阈值预处理	融合预处理
1#	能量比	0.8704	0.7671	0.8208
	标准差/mv	586.9867	607.5444	502.9376
	相关系数	0.8575	0.7850	0.8978
2#	能量比	0.9085	0.7660	0.8577
	标准差	485.5462	509.4162	382.5938
	相关系数	0.8909	0.7383	0.8912
3#	能量比/mv	0.8399	0.7894	0.8984
	标准差	4664947	497.8590	389.9048
	相关系数	0.8713	0.7741	0.9045
4#	能量比/mv	0.8708	0.5647	0.8565
	标准差	643.6319	683.2781	503.9676
	相关系数	0.8499	0.7322	0.8975

表 4.2　输入信号与输出信号信噪比

输入 SNR/dB	− 12	− 6	0	6	12
全局阈值预处理输出 SNR/dB	− 5.24	− 1.66	4.37	9.13	18.52
分层阈值预处理输出 SNR/dB	− 6.12	− 2.88	5.73	10.17	19.47
融合预处理输出 SNR/dB	− 3.6	4.2	9.2	15.7	25.4

4.3.3　动态观测信号预处理

为了验证本书提出的阵列观测信号融合预处理算法的有效性,设计了动态半实物仿真试验,试验方法及步骤如下:

(1)将录制好的处于不同运动状态下的坦克目标声信号作为试验样本;

(2)在旋转台上安装四方形声阵列,阵元到中心的距离 $d = 0.5$m,旋转平台带动声阵列以 $w = 5$r/s 进行转动,用音箱播放样本声信号,音箱到阵列的距离大于 5m,且音箱的运动范围在以阵列中心为原点的 ±90° 之间,采用 PXI 数据采集系统对声信号与环境噪声进行采集,采样频率 $Fs = 12500$Hz,图 4.9 所示为安装在旋转台上的平面四方形声阵列结构图；

（3）取 $q=5$，利用阵列观测信号融合预处理算法对采集的信号进行分析。

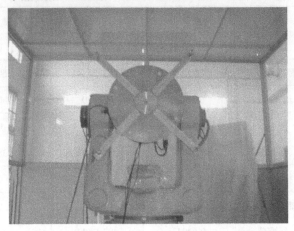

图4.9　旋转台上的平面四方形声阵列结构图

如图4.10～图4.15所示，某坦克分别在匀速、匀加速以及转弯运动三种运动状态下的观测信号与重构后的声信号图。原始信号经过阵列传感器融合预处理后，从波形相似分析，重构信号能够保持原始信号的波形特征；从波形光滑性分析，重构信号具有较好的光滑度，信号"毛刺"部分得到有效滤波。说明了声信号的高频噪声得到了有效滤波，达到了提高观测信号信噪比的目的。

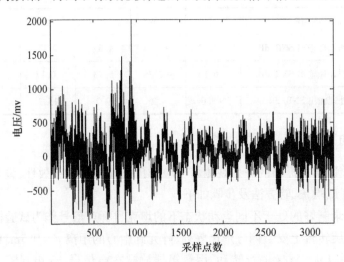

图4.10　匀速运动的某坦克原始信号

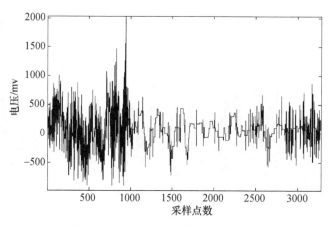

图 4.11　匀速运动的某坦克重构信号

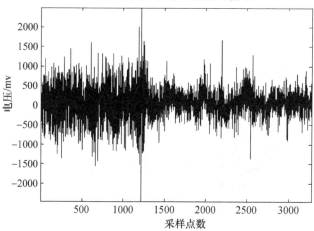

图 4.12　匀加速运动的某坦克原始信号

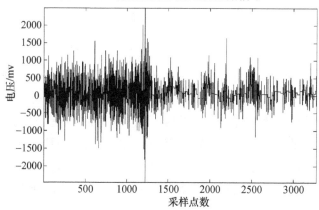

图 4.13　匀加速运动的某坦克重构信号

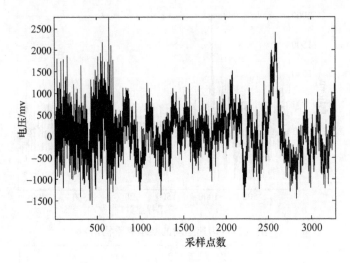

图 4.14　转弯运动的某坦克原始信号

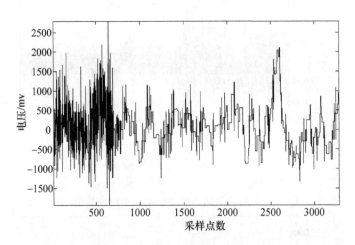

图 4.15　转弯运动的某坦克重构信号

表 4.3 为原始信号与重构信号的数理统计,由表可知,分别对原始信号与重构信号的均值、标准差、最大值及最小值四个因素进行了统计。四个因素的相对误差能够保持在 10% 以内,并且重构后的信号保持了原始信号 80% 以上的能量,从而证实了阵列观测信息融合预处理算法在重构信号后使得重构信号能够有效地保持原始信号的特征,保证了重构后信号的不失真,证实了该方法用于对不同运动状态下声目标声信号进行处理的可行性及有效性。

表 4.3　原始信号与重构信号的数理统计

运动状态	信号	均值/mv	标准差/mv	最大值/mv	最小值/mv	相对剩余能量/%
匀速运动	原始信号	67.66	299.1	2074	−903	100.00
	重构信号	64.78	274.7	2033	−876	83.30
	相对误差/%	4.26	8.16	1.98	3.00	16.70
匀加速运动	原始信号	71.30	406.4	2494	−2463	100.00
	重构信号	68.50	398.6	2473	−2442	84.05
	相对误差/%	3.93	1.96	0.75	0.85	15.95
转弯运动	原始信号	88.39	586.3	2779	−1926	100.00
	重构信号	87.21	576.4	2734	−1893	83.92
	相对误差/%	1.33	1.69	1.62	1.71	16.08

　　图 4.16 为某坦克在三种运动状态下重构信号的功率谱图。由图 4.16 可以看出,坦克在不同运动状态中具有的绝对能量不一样,其中,在转弯运动时绝对能量最大。由于对图形纵坐标进行了转换而导致匀加速运动与匀速运动相差不大,但是从总体运动的绝对能量上考虑,匀速运动时绝对能量最小。说明了在不同的运动状态下,坦克目标具有不同的声压级,这为判断坦克目标机动提供了可靠的依据。

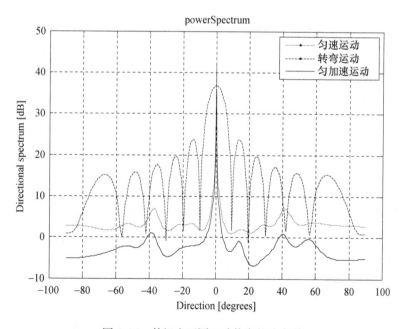

图 4.16　某坦克不同运动状态的功率谱

本节提出的正交小波多尺度阵列观测信息融合预处理算法分别通过"静态"及"动态"半实物仿真试验进行了验证研究。其中"静态"试验中,与小波全局阈值和分层阈值算法进行了比较,结合阵列观测信号的波形,通过预处理后的观测信号与原始信号的能量比、标准差、相关系数以及 SNR 四个物理量量化分析,证实了本书算法分别在保存声能、波形光滑性、波形相似度以及信号可用性四个方面的可行性及有效性。同样,在"动态"试验中,也证明了该算法能够保证重构后的信号不失真,且该算法充分体现了多信息融合理论的优势,证明了阵列多传感器系统的工程实用性。

4.4　基于"当前"平均改变能量的机动检测算法

传统的机动检测与辨识[179-180]的主要思想是根据观测量与状态预测量构成的新信息残差向量的变化情况,按照一定的逻辑准则或算法对机动目标进行检验,根据检测的结果调整滤波增益与协方差矩阵,从而实现对机动目标运动状态进行滤波估计和预测。这种机动检测算法是依据噪声和信号加噪声的概率分布,通过检测门限的合理选择使总错误概率最小。对于声目标跟踪来说,这种依赖新信息残差变化的机动检测与辨识方法不仅不利于跟踪系统的实时性,而且还依赖于对信号处理的精度,容易形成累计误差,而造成跟踪丢失。

坦克和履带式装甲车行驶时产生的噪声主要是发动机的排气噪声和发动机噪声。而对于正常行驶的坦克和履带式装甲车来说,不同的运动状态下,发动机产生的噪声能量是不同的,特别是在机动时刻(目标状态发生时刻)。因此,通过对不同运动状态下坦克和履带式装甲车的声信号能量进行检测,可以及时有效地辨识声目标的机动时刻,缩短了机动检测时间,有利于后续跟踪目标的状态及位置方位估计。根据上述分析,在阵列观测信号经过融合预处理算法后,以重构信号的能量为基准,提出一种针对信号几何窗口的变量——当前平均改变能量(Current Average Change Energy,CACE)。利用该变量推导了基于当前平均改变能量的机动检测算法,并利用该算法计算了某坦克目标在不同运动状态下的功率谱,为进一步研究运动声阵列对机动声目标的跟踪算法奠定了基础。

4.4.1　"当前"平均改变能量

根据 2.5.2 节可知,假设在球坐标下信号在 k 时刻的观测信号为 $Z^p(k)$,经

过坐标转换后观测信号为 $Z(k)$，但是经过坐标转换后信号的总能量 $P(k)$ 并不改变，即

$$P(k) = \sum_k |Z^p(k)|^2 = \sum_k |Z(k)|^2 \qquad (4.15)$$

定义：假设 $\sum_k |Z(k)|^2$ 为观测信号在 k 时刻的总能量，而 $\sum_k \left(\dfrac{1}{bl}\sum_k |Z(k)|\right)^2$ $= \dfrac{1}{bl}\left(\sum_k |Z(k)|\right)^2$ 为信号几何窗口分量的能量，其中 b,l 为窗口的宽和长，则信号 $Z(k)$ 的当前平均改变能量（CACE）为

$$\Delta P(k) = \frac{1}{bl}\left(\sum_k |Z(k)|^2 - \frac{1}{bl}\left(\sum_k |Z(k)|\right)^2\right) \qquad (4.16)$$

4.4.2　性质及证明

对当前平均改变能量定义分析，可知其具有以下性质：

性质1　经坐标转换后，若信号几何窗口的长宽不变，则 $\Delta P(k)$ 保持不变。

证明：设 $\Delta P'(k)$ 为坐标转换前的 CACE，则根据定义及式（4.15）可得

$$\begin{aligned}
\Delta P'(k) &= \frac{1}{b'l}\left(\sum_k |Z^p(k)|^2 - \frac{1}{b'l}\left(\sum_k |Z^p(k)|\right)^2\right)\\
&= \frac{1}{bl}\left(\sum_k |Z(k)|^2 - \frac{1}{bl}\left(\sum_k |Z(k)|\right)^2\right) = \Delta P(k)
\end{aligned}$$

$$(4.17)$$

性质2　若信号以尺度因子 s 进行分解或伸缩，则 $\Delta P(k)$ 保持不变。

证明：设 $\Delta P'(k)$ 为以尺度因子 s 进行伸缩后的 CACE，则有

$$\begin{aligned}
\Delta P''(k) &= \frac{1}{bls^2}\left(s^2\sum_k |Z(k)|^2 - \frac{1}{bls^2}\left(s^2\sum_k |Z(k)|\right)^2\right)\\
&= \frac{1}{bl}\left(\sum_k |Z(k)|^2 - \frac{1}{bl}\left(\sum_k |Z(k)|\right)^2\right) = \Delta P(k)
\end{aligned}$$

$$(4.18)$$

同理可以证明以尺度因子 s 进行分解后 $\Delta P(k)$ 保持不变。

性质3　如果信号几何窗口包括机动发生时刻，则信号发生改变，改变后信号窗口的周边部分用新信息填充，且 $\Delta P(k)$ 发生改变。

证明：设 $\Delta P'(k)$ 为包括机动发生时刻的 CACE，则根据式（4.16）可得

$$\Delta P'(k) = \frac{1}{b'l'}\Big(\sum_k |Z(k)|^2 - \frac{1}{b'l'}\big(\sum_k |Z(k)|\big)^2\Big)$$

$$= \frac{1}{b'l'}\Big(\sum_{\substack{窗口部分}} |Z(k)|^2 + \sum_{\substack{填充部分}} |Z(k)|^2\Big) - \Big(\frac{1}{b'l'}\Big)^2$$

$$\Big(\sum_{\substack{窗口部分}} |Z(k)| + \sum_{\substack{填充部分}} |Z(k)|\Big)^2$$

$$= \frac{1}{b'l'}\Big(\sum_{\substack{窗口部分}} |Z(k)|^2 - \frac{1}{b'l'}\big(\sum_{\substack{窗口部分}} |Z(k)|\big)^2\Big) +$$

$$\frac{1}{b'l'}\Big(\sum_{\substack{填充部分}} |Z(k)|^2 - \frac{1}{b'l'}\big(\sum_{\substack{填充部分}} |Z(k)|\big)^2\Big) -$$

$$\Big(\frac{\sqrt{2}}{b'l'}\Big)^2\Big(\sum_{\substack{窗口部分}} |Z(k)|\Big)\Big(\sum_{\substack{填充部分}} |Z(k)|\Big)$$

$$= \Delta P(k) + \frac{1}{b'l'}\Big(\sum_{\substack{填充部分}} |Z(k)|^2 - \frac{1}{b'l'}\big(\sum_{\substack{填充部分}} |Z(k)|\big)^2\Big) -$$

$$\Big(\frac{\sqrt{2}}{b'l'}\Big)^2\Big(\sum_{\substack{窗口部分}} |Z(k)|\Big)\Big(\sum_{\substack{填充部分}} |Z(k)|\Big) \neq \Delta P(k)$$

令

$$W(k) = \frac{1}{b'l'}\Big(\sum_{\substack{填充部分}} |Z(k)|^2 - \frac{1}{b'l'}\big(\sum_{\substack{填充部分}} |Z(k)|\big)^2\Big) -$$

$$\Big(\frac{\sqrt{2}}{b'l'}\Big)^2\Big(\sum_{\substack{窗口部分}} |Z(k)|\Big)\big(\sum_{\substack{填充部分}} |Z(k)|\big) \tag{4.19}$$

则 $W(k)$ 称为当前机动改变能量。

4.4.3 "当前"平均改变能量机动检测准则

根据上述分析,若信号几何窗口包含机动发生时刻时,也就是相当于将当前机动改变能量 $W(k)$ 调制到 $\Delta P(k)$ 上,即有

$$\Delta P'_W(k) = \Delta P(k) + aW(k) \tag{4.20}$$

式中:a 为调制因子。

根据定义及性质可得

$$\Delta P'_W(k) = \Delta P(k) + aW(k) = \frac{1}{bl}\Big(\sum_k |Z(k)|^2 - \frac{1}{bl}\big(\sum_k |Z(k)|\big)^2\Big) + aW(k)$$

$$= \frac{1}{bl}\Big(\sum_k |Z(k)|^2 - \frac{1}{bl}\big(\sum_k |Z(k)|\big)^2 + blaW(k)\Big)$$

$$= \frac{1}{bl}\big(E_c(k) + b\,la\,W(k)\big) \tag{4.21}$$

其中 $E_c(k)$ 为"当前"时刻改变能量总和,因此,只要对"当前"时刻改变能量总和进行补偿,且补偿量为 $blaW(k)$ 即可完成对 $\Delta P(k)$ 的调制,反过来也就是说明了补偿量 $blaW(k)$ 为判断目标机动与否的依据,而 $blaW(k)$ 与 $\Delta P'_W(k)$ 密切相关,鉴于此,通过计算 $\Delta P'_W(k)$ 与 $W(k)$ 的相互关联函数来检测目标机动是否发生。

设相互关联函数为 $R_{\Delta P'(k),W(k)}(k)$,则有

$$
\begin{aligned}
R_{\Delta P'(k),W(k)}(k) &= E[\Delta P'_W(k)W(k)] = E[(\Delta P(k)+aW(k))W(k)] \\
&= E[\Delta P(k)W(k)+aW^2(k)] \\
&= E[\Delta P(k)W(k)]+aE[W^2(k)]
\end{aligned}
\tag{4.22}
$$

又根据 2.3.1 节中模型假设可知,$\Delta P(k)$,$W(k)$ 相互独立,则有

$$
E[\Delta P(k)W(k)]=0 \tag{4.23}
$$

通过上述理论分析可知,若目标没有发生机动,则 $R_{\Delta P'(k),W(k)}(k)=0$,若目标发生机动时,$R_{\Delta P'(k),W(k)}(k)=aE[W^2(k)]$,因此,可以通过设定阈值 $E[W^2(k)]/2$ 来判断目标机动是否存在,取允许的虚警概率为 α,则有

$$
P\{R_{\Delta P'(k),W(k)}(k)>E[W^2(k)]/2\}=\alpha \tag{4.24}
$$

则基于"当前"平均改变能量的机动检测准则为:当 $R_{\Delta P'(k),W(k)}(k)>E[W^2(k)]/2$ 时,机动发生;当 $R_{\Delta P'(k),W(k)}(k)<E[W^2(k)]/2$ 时,机动消除。

4.5　基于 EMD 的阵列观测信号预处理算法

1998 年,Norden E Huang 提出经验模式分解(EMD)理论之后,其被应用于很多信号预处理中[181-185],有些信号预处理算法是基于噪声的高频特性,而有些方法是基于 IMF 的加权。将 EMD 用于信号预处理,首先要明确 MF 函数是否包含有用的信号信息。最先研究 IMF 特性的是 Flandrin[186-187] 和 Wu[188-189] 等,都是基于统计特性对 IMF 函数特性进行研究,其中,Flandrin 等人的研究是基于分形高斯噪声,而 Wu 等人的研究是基于高斯白噪声。本书应用 EMD 理论对单传感器观测信号进行预处理,采用了战场环境下噪声的频带特性,对分解的 IMF 函数进行频谱分析,得到相应的频率信息,根据坦克及履带式装甲车声信号的频带范围,选择参与重构观测信号的 IMF 信息,从而达到去除高频噪声的目标。

4.5.1　EMD 理论

EMD 方法是一种自适应的信号处理方法,具有自适应的信号分解和降噪能力,被认为是近年来对以傅里叶变换为基础的线性、稳态频谱分析的一个重大

挑战与突破,主要用于非线性、非平稳信号的分析[190]。目前已成功应用于生物医学、环境工程、故障诊断等领域的研究,并取得了很好的效果。EMD 方法无须更多先验信息,可实时、高效、自适应地分解信号,较适合于战场声目标识别,并能够反映信号固有特征,有利于特征提取。

EMD 具有自适应的信号分解和降噪能力,其目的是根据非线性、非平稳信号本身的特征时间尺度将其分解成有限个 IMF 和一个余项的和。IMF 反映信号的内部特征,余项表示信号的趋势。每个 IMF 都是单分量的幅值或频率调制信号,且满足以下两个条件:

(1)整个信号中零点数与极点数相等或者至多相差 1。

(2)信号上任意一点,由局部极大值确定的包络线和局部极小值确定的包络线的均值均为零,即信号关于时间轴局部对称。

对任一观测信号 $Z(k)$ 进行 EMD 分解的具体步骤如下:

(1)首先确定信号 $Z(k)$ 上所有的极大值点和极小值点。然后,将所有的极大值点和极小值点分别用三次样条曲线连接起来,使两条曲线间包含所有的信号,确保不遗漏也不增添原信号的点,并将这两条曲线分别作为 $Z(k)$ 的上、下包络线。计算出它们的平均值曲线 $m_1(k)$,用 $Z(k)$ 减去 $m_1(k)$,得

$$h_1(k) = Z(k) - m_1(k) \tag{4.25}$$

判断 $h_1(k)$ 是否满足 IMF 的两个条件。如果 $h_1(k)$ 不满足 IMF 的两个条件,需要把 $h_1(k)$ 作为原信号,重复上面的步骤,得

$$h_{11}(k) = h_1(k) - m_{11}(k) \tag{4.26}$$

这样依次筛选 n 次,直到 $h_{1n}(k)$ 成为一个 IMF,即

$$h_{1n}(k) = h_{1(n-1)}(k) - m_{1n}(k) \tag{4.27}$$

如此就从原信号中分解出了第一个 IMF,称为第一阶 IMF,记作:

$$c_1(k) = h_{1n}(k) \tag{4.28}$$

(2)从原信号中减去 $c_1(k)$,得到第一阶剩余信号 $r_1(k)$,即

$$r_1(k) = Z(k) - c_1(k) \tag{4.29}$$

把 $r_1(k)$ 作为新的原信号,重复步骤(1)。对后面的 $r_i(k)$ 也进行同样的筛选,这样依次得到第二阶 IMF,$\cdots$,第 N 阶 IMF 和第二阶剩余信号,$\cdots$,第 N 阶剩余信号。

$$\begin{cases} r_1(k) - c_2(k) = r_2(k) \\ r_2(k) - c_3(k) = r_3(k) \\ \quad\vdots \\ r_{n-1}(k) - c_n(k) = r_n(k) \end{cases} \tag{4.30}$$

当第 N 阶 IMF 分量 $c_n(k)$ 或其余量 $r_n(k)$ 小于预先设定的值或 $r_n(k)$ 变成一个单调函数时,筛选结束。这样,由式(4.29)和式(4.30)得

$$Z(k) = \sum_{i=1}^{n} c_i(k) + r_n(k) \tag{4.31}$$

即原始数据可表示为有限个 IMF 和一个余项之和。IMF 两零点之间的每一个波动周期中只有一个单纯的波动模式,没有其他叠加波,是 EMD 中分解信号的基本单元。IMF 反映了信号中不同频率的成分,先分解出的 IMF 频率较高,后分解出的频率逐渐降低,至余项变为很低频率的脉动,即趋势项。

4.5.2　EMD 的边界效应处理

EMD 提出的时间还不是很长,有些问题还需要进一步的研究和完善,EMD 边界效应的处理就是其中之一。文献[191]根据原信号的极大值和极小值数据集的规律,用其左右 1/3 的数据的间距均值和两端点幅值或全局统计平均幅值,分别定出极大值和极小值数据集的左右两端需增加的极值点的位置和幅值,并确保所构成的新的极大值和极小值数据集的最大间距大于等于原始信号长度;在每次平滑过程中直接以信号端点作为添加极值点,但该方法会造成低频泄漏,产生不存在的 IMF 模式分量和对分解得到的 IMF 模式产生低频污染。文献[192]提出一种利用时变参数 ARMA 模型对信号进行外延,在一定程度上克服了 EMD 方法的端点效应问题,但是由于在抑制 EMD 分解产生的端点效应时,由于时变参数 ARMA 模型的参数估计十分麻烦,只能对一些常见的非平稳信号进行分析,而对复杂的非平稳信号,用这种方法来克服 EMD 分解产生的端点效应的效果是有限的。

在 EMD 方法中,信号两端的边界效应所带来的误差会向内传播,进而"污染"整个数据序列,使得最后的研究失去意义,尤其对于低频的 IMF 分量来说,这种边界效应会影响 EMD 的精度,其所引起的误差更加严重,对此必须引起注意。有学者提出了基于时序模型、神经网络、支持向量机数据延拓的端点效应抑制方法,能够取得较好的效果。另外,对于长数据,一种常用且有效的方法是舍弃分解结果两端的若干数据,仅保留中间高精度的数据。鉴于文献[193]中提出的"边筛分,边延拓"的思想,对 EMD 方法中的边界效应进行了改进。首先通过求取信号的线性预测系数,然后结合由原信号 $Z(k)$ 构成的线性组合来对数据端点进行延拓。

假设原信号 $Z(k)$ 由 $\{Z(2), Z(3), \cdots, Z(n-1)\}$ 组成,其各个元素均已知。文中利用这 $n-2$ 个数据的线性组合来预测信号 $Z(k)$ 的左端点 $Z(1)$ 和右端点

$Z(n)$的数值大小。记$\tilde{Z}(n)$是对真实值$Z(n)$的预测,$\tilde{Z}(1)$是对真实值$Z(1)$的预测,则有

$$\tilde{Z}(n) = -\sum_{i=1}^{n-2} a_i \tilde{Z}(n-i-1) \tag{4.32}$$

$$\tilde{Z}(1) = -\sum_{i=1}^{n-2} a_i Z(i+1) \tag{4.33}$$

根据线性预测方法,通过使预测值与真实值之间总的预测误差最小,系数$\{a_k\}$可以求出,然后根据式(4.32)、式(4.33)求出$\tilde{Z}(n)$和$\tilde{Z}(1)$。而求出的$\tilde{Z}(n)$与$\tilde{Z}(1)$在时间轴上的位置则根据信号$Z(k)$的采样频率和信号的长度来决定,使得不仅完成对信号的边界延拓,而且可以保留信号中高精度的部分。对于采样时间短、采样频率相对较高的声信号而言,$\tilde{Z}(n)$与$\tilde{Z}(1)$在时间轴上的位置可以适当向外延拓得远一些,使得边界效应得到有效控制。最后,仍然截取原信号的长度作为信号分析的对象,相当于舍弃分解结果两端的若干数据,仅保留中间高精度的数据。

4.5.3 EMD 信号预处理算法

图 4.17 所示为基于 EMD 阵列观测信号预处理算法流程图,该算法主要分为以下几个步骤:

(1)阵列传感器观测信号 $Z(k)$ EMD 分解。按照 EMD 理论对观测信号$Z(k)$进行 EMD 分解,得到 n 个 IMF,分别为:$\text{IMF}_1, \text{IMF}_2, \cdots, \text{IMF}_n$。

(2)对$\text{IMF}_1, \text{IMF}_2, \cdots, \text{IMF}_n$分别进行 FFT 变换,得到每个 IMF 的傅里叶频谱。根据频谱图,可得到各个$\text{IMF}_1, \text{IMF}_2, \cdots, \text{IMF}_n$分量的频率范围及主频率成分。

(3)结合书中声信号频谱特性(坦克及履带式装甲车声信号频率范围在1000Hz)确定 IMF 分量提取阈值 δ_{IMF},若$\text{IMF}_i, i=1,2,\cdots,n$ 的主频率小于 δ_{IMF},则提取IMF_i为重构观测信号的 IMF 分量,通过 FFT 逆变换,得到 IMF 的时域信号,重构观测信号时,IMF 分量阀值设定为 1。

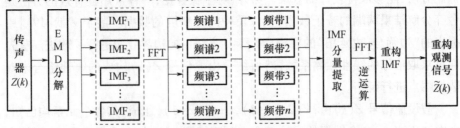

图 4.17　基于 EMD 阵列观测信号预处理算法流程图

4.5.4　阵列观测声信号分析

本节为了验证基于 EMD 的阵列观测信号预处理算法的有效性,对 4.3.2 节中试验获得的声信号进行了预处理及分析,同样,对原始信号和重构信号的能量比、标准差、最大值、最小值以及均值五个方面进行了统计,分析了原始信号和重构信号相对误差。

图 4.18 所示为 SNR = 12dB 时某坦克四路观测信号,图 4.19 所示为 EMD 预处理结果,从预处理之后观测信号的波形分析,EMD 预处理结果的观测信号波形光滑性较好,滤掉了观测信号中的高频噪声成分;从波形的相似性分析,EMD 预处理结果同样同原始四路观测信号具有较好相似性。

表 4.4 为 SNR = 12dB 原始信号与 IMF 重构信号的数理统计表。由表 4.4 可知,重构信号分别在均值、最大值及最小值三个因素的相对误差能够保持在 10% 以内,在标准差上,重构后的信号比原始信号的标准差至少提高了 10.44%,并且重构信号保持了原始信号 91% 以上的能量,说明了重构后的信号不仅保留了原始信号的基本特征(均值、最大值、最小值以及能量值),同样也使得观测信号更加稳定,有利于对目标方位及目标运动状态的估计。

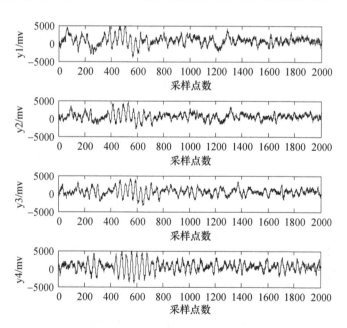

图 4.18　SNR = 12dB 时某坦克四路观测信号

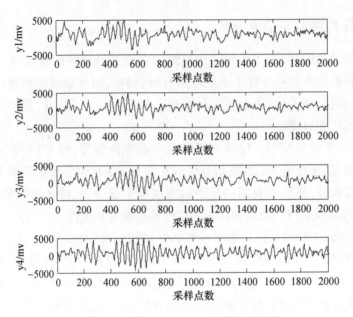

图 4.19   SNR = 12dB 时 EMD 预处理结果

表 4.4   SNR = 12dB 时原始信号与 IMF 重构信号的数理统计表

传感器	信号	均值/mv	标准差/mv	最大值/mv	最小值/mv	相对剩余能量/%
1#	原始信号	744.47	1326.96	4995.78	-3916.93	100.00
	重构信号	744.53	1188.48	4991.33	-3631.86	93.29
	相对误差/%	0.008	10.44	0.08	7.2	6.71
2#	原始信号	549.49	1045.55	4564.04	-2838.41	100.00
	重构信号	548.78	907.45	4404.38	-3088.22	92.11
	相对误差/%	0.13	13.21	3.50	8.80	7.89
3#	原始信号	524.18	1088.92	4051.23	-3370.05	100.00
	重构信号	524.07	941.43	3882.37	-3324.84	92.89
	相对误差/%	0.02	13.58	4.17	1.34	7.11
4#	原始信号	641.57	1387.96	5068.51	-3788.18	100.00
	重构信号	640.73	1166.66	5034.88	-3978.16	91.61
	相对误差/%	0.13	13.94	0.67	5.02	8.39

图 4.20、图 4.22 为传感器 1#的观测信号 EMD 分解后的 IMF 分量,图 4.21、图 4.23 分别为 IMF 分量的频谱图。表 4.5 为 IMF 分量频谱统计表。重构阵列观测信号时设定频谱阀值为 1000Hz。传感器 1#的观测信号经过 EMD 分解后,高频

率信号先分解得到,但是高频率信号具有较少的幅值,IMF 分量 C_1、C_2、C_3、C_4 中频大于 1000Hz,并且频带较宽,而 C_5、C_6、C_7、C_8、C_9 的中频在 500Hz 以内,并且具有较高的能量值,因此,利用 C_5、C_6、C_7、C_8、C_9 重构阵列观测信号。

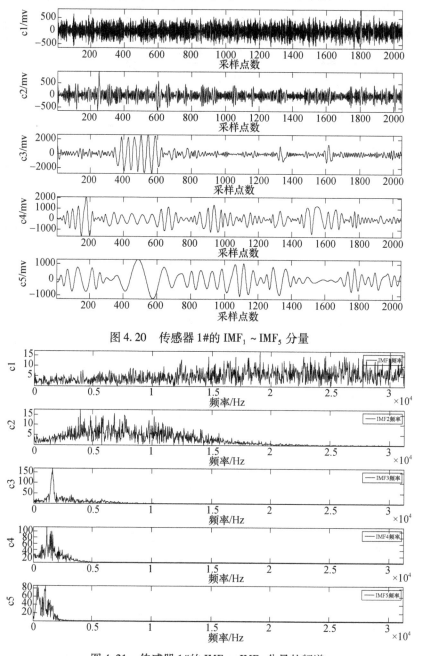

图 4.20 传感器 1#的 $IMF_1 \sim IMF_5$ 分量

图 4.21 传感器 1#的 $IMF_1 \sim IMF_5$ 分量的频谱

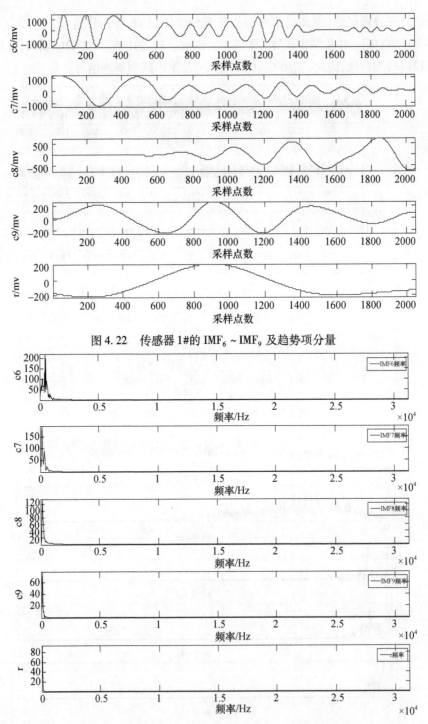

图 4.22 传感器 1#的 $IMF_6 \sim IMF_9$ 及趋势项分量

图 4.23 传感器 1#的 $IMF_6 \sim IMF_9$ 及趋势项分量的频谱

表 4.5　SNR = 12dB 时传感器 1#观测信息 EMD 分解 IMF 分量频谱统计表

类型	$C1$	$C2$	$C3$	$C4$	$C5$	$C6$	$C7$	$C8$	$C9$
中频/Hz	15100	6317	1526	1465	457	457	183	152	61
频带	7000	5920	366	1038	488	366	345	244	60
最大幅值/mv	16.9	20.2	157.5	146.7	138.1	150.8	173.5	134.3	56.7

4.6　声信号预处理软件设计

为了方便阵列观测信号预处理,设计了一种基于 Matlab 的声信号预处理软件,该软件包含三种观测信号预处理方法,即传统的预处理方法(低通滤波、高通滤波以及带通滤波)、基于正交小波多尺度阵列观测信息融合预处理方法以及基于 EMD 的阵列观测信号预处理方法。软件操作界面如图 4.24 所示。

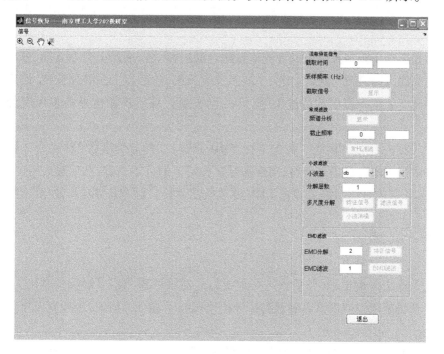

图 4.24　软件操作界面

最上面一行为标题,其下一行为工具栏。"信号"下拉菜单中有读入数据及输出数据菜单;由于此软件包含有三种观测信号预处理方法,所以在输出数据菜单下又包含常规滤波、正交小波多尺度滤波和 EMD 滤波三种数据输出菜单。

在工具栏中有放大按钮、缩小按钮、数据移动按钮以及数据点选显示按钮。

操作步骤说明：

（1）读入信号数据。点击信号菜单下拉菜单中的读入数据菜单，弹出加载数据对话框；在放置数据文件夹下点击后缀名为 . MAT 格式数据。

（2）选取特征信号。由于实验实测数据量很大，往往包含了一些不必要的数据，所以在选取特征信号模块中，读入有用信号部分。在截取时间一行中，可以根据需要输入有用信号的起始时间（单位为 s，默认时刻为 0 ~ ）；设定好截取时间后点击该模块中的显示按键，即可在界面中显示特征信号。

（3）数据预处理模块。

①传统的预处理模块。此模块是通过对信号进行带通滤波、低通滤波、高通滤波进行信号恢复。首先进行信号频谱分析，点击频谱分析一行中的显示按钮，出现信号的功率谱界面；然后由功率谱可知信号的频率范围，将其对应频率输入截止频率中（单位为 Hz）；最后点击常规滤波按钮，在界面中即出现预处理后的观测信号。

②正交小波多尺度阵列观测信息融合滤波模块。选择正交小波基、多尺度分解层数，选择特征信号的正交小波多尺度分解，然后点击预处理按钮，最后点击多尺度分解一行中的滤波信号，可以查看预处理后观测信号的多尺度分解情况。

③EMD 预处理模块。首先进行 EMD 分解，选择分解层数（默认为 2 层），点击该模块中特征信号按钮，出现信号在各层上的分解系数；然后输入 N（去除的 $1 \sim N$ 层的分解系数），点击 EMD 滤波按钮，将出现 EMD 方法恢复出的信号。

4.7 小结

本章在分析枪炮、风雨噪声等干扰信号对阵列观测信号影响的基础上，分别对单通道和阵列多传声器观测信号预处理技术进行了研究，主要有以下研究结论：

（1）正交小波多尺度阵列观测信号融合预处理算法。以正交小波多尺度分析理论为基础，对阵列观测信号进行多尺度分解，以细节信号的均值互相关系数为融合阈值，对阵列融合细节信号进行选择，通过逼近信号和细节信号重构阵列观测信号。分别通过"静态"及"动态"半实物仿真试验进行了验证研究，其中"静态"试验中，与小波全局阈值和分层阈值算法进行了比较，结合阵列观测信号的波形,通过预处理后的观测信号与原始信号的能量比、标准差、相关系数以及 SNR 四个物理量量化分析,证实了算法分别在保存声能、波形光滑性、波形相似度以及信号可用性四个方面的可行性及有效性。同样,在"动态"试验中,也证明了该算法能够保证重构后的信号不失真,且该算法充分体现了多信号融合理论的优势,证明了阵列多传感器系统的工程实用性。

(2)当前平均改变能量机动辨识准则。以重构观测信号的能量为基准,提出了一种针对信号几何窗口的变量——当前平均改变能量($\Delta P(k)$),给出了该变量的定义及相关性质,并对重要性质进行数学证明,以该变量为基础,提出了基于当前平均改变能量的机动检测算法,将当前机动改变能量 $W(k)$ 调制到 $\Delta P(k)$ 上,得到了当前平均改变能量机动准则,即当 $R_{\Delta P'(k),W(k)}(k) > E[W^2(k)]/2$ 时,机动发生;当 $R_{\Delta P'(k),W(k)}(k) < E[W^2(k)]/2$ 时,机动消除。

(3)基于 EMD 的阵列观测信号预处理算法。基于 EMD 理论,对单传感器观测信号预处理算法进行了研究,通过 IMF 分量频谱分析,取得 IMF 分量提取阈值,根据 FFT 逆变换,得到重构信号的 IMF 时域信号。通过阵列观测信号分析,证实了该算法不仅保留了原始信号的基本特征(均值、最大值、最小值以及能量值),而且也使得观测信号更加稳定,有利于对目标方位及运动状态的估计。

(4)设计了一种基于 Matlab 的声信号预处理软件,为声信号的快速、方便预处理提供了工具。

第5章 三维运动声阵列跟踪滤波算法

运动声目标跟踪问题实际上就是对声目标状态的跟踪滤波与预测问题,即由声阵列传感器观测得到目标声信号,根据相应的跟踪滤波与预测算法,实现对声目标状态的精确估计。本章根据运动声阵列跟踪系统的动态模型,分别从三个方面研究三维运动声阵列对二维声目标的跟踪滤波算法。

(1)基于线性、高斯系统假设下的跟踪滤波算法研究。首先介绍了传统的线性系统滤波状态估计算法,即卡尔曼滤波算法,基于卡尔曼滤波算法提出了多尺度贯序式卡尔曼滤波的运动声阵列跟踪算法(MSBKF),Matlab仿真分析了该算法的跟踪性能,针对跟踪滤波与预测实时性问题,提出了运动阵列的CACEMD – VDAKF跟踪算法,通过算法仿真,验证了CACEMD – VDAKF提出的算法的有效性。

(2)基于非线性、高斯系统假设下的跟踪滤波算法研究。首先阐述了传统的非线性系统滤波算法,即扩展卡尔曼滤波(EKF),分析了EKF滤波的偏差,提出了基于无迹粒子滤波的自适应交互多模型运动声阵列跟踪算法(AIMMUPF – MR),通过算法仿真,验证了AIMMUPF – MR算法在跟踪精度、稳定性及实时性上的有效性。

(3)基于非线性、非高斯系统假设下的跟踪滤波算法研究。针对非线性、非高斯跟踪系统的状态滤波与预测问题,基于粒子滤波提出了确定性核粒子群的粒子滤波跟踪算法(DCPS – PF),推导了该算法的理论误差性能下界(Cramér Rao Low Bound,CRLB),与传统的粒子滤波算法相比,仿真结果表明了提出算法的有效性和优越性。

5.1 高斯、线性跟踪系统滤波算法研究

高斯是指假设三维运动声阵列跟踪系统附加的噪声是高斯白噪声,线性是指假设跟踪系统的动态模型是线性状态。卡尔曼滤波是最佳线性递推滤波,本节主要讨论基于卡尔曼滤波理论的高斯、线性声阵列跟踪系统滤波算法。

5.1.1 卡尔曼滤波与预测

1. 运动声阵列跟踪系统状态方程和观测方程

1960年卡尔曼用时域上的状态空间方法提出了卡尔曼滤波理论,其基本假设为:

(1)系统是线性的并且已知的。

(2)跟踪系统附加噪声是高斯白噪声。

(3)最优滤波的标准是均方误差最小。基于上述假设条件,在笛卡儿坐标系中,声阵列跟踪系统的状态方程及声阵列观测方程可表示为(本节中除特殊说明外,均假定跟踪系统状态方程和观测方程为下列形式

$$X(k+1) = F(k)X(k) + W(k)$$
$$Z(k) = H(k)X(k) + V(k) \tag{5.1}$$

式中:$X(k)$为声阵列跟踪系统的状态输出向量,其包含运动声阵列与声目标的相对运动的位置、速度、加速度;$Z(k)$为跟踪系统的观测输出向量;$W(k)$、$V(k)$为声阵列跟踪系统的状态噪声和观测噪声,均为均值为零、互不相关的高斯白噪声向量序列,且其协方差矩阵分别为$Q(k)$和$R(k)$;$F(k)$、$H(k)$分别为跟踪系统的状态转移矩阵和观测矩阵。

2. 卡尔曼滤波与预测的基本方程

跟踪系统状态方程及观测方程为式(5.1),状态噪声$W(k)$与观测噪声$V(k)$满足统计特性为

$$\begin{cases} E[W(k)] = 0, E[W(k)W^{\mathrm{T}}(j)] = Q(k)\delta_{kj} \\ E[V(k)] = 0, E[V(k)V^{\mathrm{T}}(j)] = R(k)\delta_{kj} \end{cases} \tag{5.2}$$

式中:$\delta_{kj} = \begin{cases} 1, k=j \\ 0, k \neq j \end{cases}$

初始状态$X(0)$与$W(k)$、$V(k)$独立,即

$$E[X(0)W^{\mathrm{T}}(k)] = 0, E[X(0)V^{\mathrm{T}}(k)] = 0 \tag{5.3}$$

跟踪系统状态估计的定义为

$$\hat{X}_{k/k-1} = E[X(k) \mid Z_{k-1}, Z_{k-2}, \cdots, Z_0] \tag{5.4}$$

跟踪系统估计误差协方差为

$$P_{k/k-1} = E[(X_k - \hat{X}_{k/k-1})(X_k - \hat{X}_{k/k-1})^{\mathrm{T}}] \tag{5.5}$$

式中:$\hat{X}_{k/k-1}$为运动声阵列跟踪系统$k-1$时刻到k时刻的状态估计值。

假定跟踪系统的初始状态X_0、P_0已知,根据跟踪系统的状态方程、测量方

程以及状态噪声、观测噪声的统计知识,则运动声阵列跟踪系统的卡尔曼滤波算法如下,卡尔曼滤波计算过程如图 5.1 所示。

预测状态值为

$$\hat{X}_{k/k-1} = F_{k/k-1}\hat{X}_{k-1/k-1} \tag{5.6}$$

预测状态的协方差矩阵为

$$P_{k/k-1} = F_{k-1}P_{k-1/k-1}F_{k/k-1}^{T} + Q_{k-1} \tag{5.7}$$

观测预测值为

$$\hat{Z}_{k/k-1} = H_k\hat{X}_{k/k-1} \tag{5.8}$$

残差(新息)为

$$d_k = Z_k - \hat{Z}_{k/k-1} \tag{5.9}$$

残差的协方差矩阵为

$$S_k = H_kP_{k/k-1}H_k^{T} + R_k \tag{5.10}$$

滤波器增益矩阵为

$$K_k = P_{k/k-1}H_k^{T}S_k^{-1} \tag{5.11}$$

滤波状态估计值为

$$\hat{X}_{k/k} = \hat{X}_{k/k-1} + K_kd_k \tag{5.12}$$

滤波状态估计值的协方差矩阵为

$$P_{k/k} = (I - K_kH_k)P_{k/k-1} \tag{5.13}$$

3. 卡尔曼滤波的基本性质

根据卡尔曼滤波和预测基本方程式,对卡尔曼滤波的基本性质分析如下:

(1)当跟踪系统的状态噪声 $W(k)$ 和观测噪声 $V(k)$ 均为高斯白噪声分布时,系统的滤波值 $\hat{X}_{k/k}$ 是系统状态 $X_{k/k}$ 的无偏最小均方误差估计,$P_{k/k}$ 是最小均方误差矩阵;当跟踪系统的状态噪声 $W(k)$ 和量测噪声 $V(k)$ 均为非高斯白噪声分布时,系统的滤波值 $\hat{X}_{k/k}$ 又是系统量测 $Z_1, Z_2, \cdots, Z_k$ 的无偏线性最小均方误差估计,$P_{k/k}$ 是线性最小均方误差矩阵。

(2)由式(5.10)、式(5.11)知,当 R_k 增大时,增益矩阵值 K_k 变小,这表明:如果量测噪声 $V(k)$)较大,则增益 K_k 应取得小一些,以减弱新的量测对估计的校正作用;相反,$P_{k/k}$ 或 Q_{k-1} 增大时,$P_{k/k-1}$ 也增大,从而 K_k 也增大,此时状态估计 $\hat{X}_{k/k}$ 的误差也增大,应加强新的量测对滤波估计值的修正作用;而当 $P_{k/k}$、Q_{k-1}、R_k 同倍增大或减少时,增益矩阵 K_k 保持不变,因此,可以说增益矩阵 K_k 依赖于信噪比 Q_{k-1}/R_k。

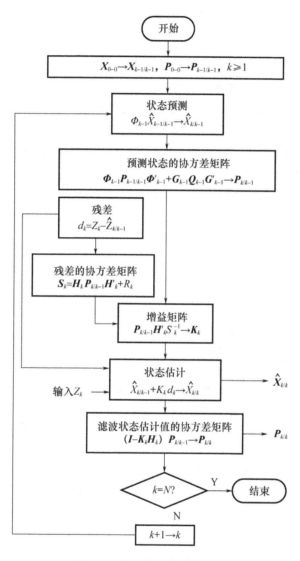

图 5.1　卡尔曼滤波计算过程

　　(3)由式(5.12)可知,k 时刻的滤波值等于 k 时刻的预测估计值 + 修正项,从而说明在卡尔曼滤波算法中,预测是滤波的基础,滤波估计值的精度优于预测估计值的精度,对式(5.13)两边分别乘以 $P_{k/k}^{-1}$、$P_{k/k-1}^{-1}$,并根据式(5.11)可得

$$P_{k/k-1}^{-1} = P_{k/k}^{-1} - H_k^{-1}R_k^{-1}H_k \tag{5.14}$$

　　因此有

$$P_{k/k-1}^{-1} < P_{k/k}^{-1} \tag{5.15}$$

从而 $$P_{k/k} < P_{k/k-1} \qquad (5.16)$$

即预测估计值的误差大于滤波估计值的误差。

4. 卡尔曼滤波的特点

(1)基于目标机动和量测噪声模型的卡尔曼跳滤波与预测增益序列可以自动地选择,意味着通过改变一些关键性参数,相同的滤波器可以适用于不同的机动目标和量测环境。

(2)卡尔曼滤波与预测增益序列能自动地适应检测过程的变化,包括采样周期的变化和漏检情况。

(3)递归不需要数据存储,在高斯白噪声的条件下,它是最优、无偏的最小方差估计;对于非高斯噪声,它是最好的线性滤波器,适用于时变、非固定输入和多输入多输出系统。

(4)卡尔曼滤波与预测通过协方差矩阵可以对估计精度进行度量。

(5)通过残差向量 d_k 的变化,可以判断原假定的目标模型与实际目标的运动特性是否符合,因而, d_k 可用作机动检测与机动辨识的一种手段。

(6)虽然卡尔曼滤波精度高,但应用卡尔曼滤波困难也较多,要求目标运动模型、误差统计模型比较准确。

5.1.2 基于多尺度贯序式卡尔曼滤波的运动声阵列跟踪算法

多尺度贯序式卡尔曼滤波(MSBKF)算法[194-196]主要思路是将阵列动态模型信息按照一定的规则转化为块的形式,然后将信号分解到不同尺度上进行分析。粗尺度上的信号被称为平滑值[197-198],反映了目标在较长时间内的运动状态,细尺度上的分解信号称为细节值,反映目标运动状态在短时间内的变化。对不同尺度的目标运动状态信息进行融合,兼顾平滑值和细节值,平滑值有利于对目标长时间运动趋势进行跟踪,有利于抗干扰和模型的快速收敛,而细节值能够反映当前运动状态,有利于提高跟踪的实时精度。最后对卡尔曼滤波进行状态估计,这样可以兼顾不同尺度上的信息,更有效地提取目标运动状态信息。

随着多尺度系统理论的不断发展,将小波分析理论与卡尔曼滤波技术结合起来,并将它有效地应用到动态系统的估计中的研究和应用已受到相关领域科研工作者的关注[199]。文献[200]将多尺度理论用于噪声图像的平滑预处理中,能够在去除噪声的同时较好地保存原始图像信息,Hong 等[201]利用小波滤波器把状态的预测值分解到粗尺度上,并根据从不同尺度上得到的测量值对其更新,最终对估计值进行重构,得到状态最终的估计值。这个思想被扩展到了多传感器的动态系统中[202],文献[203]-[204]构造了一个新的动态模型并对系统扩维,不仅解决了文献[201]中模型噪声的相关问题,而且也研究了新的可观测性、可控性及块卡尔曼滤波器的稳定性。文献[205]将前面的结果推广到了更一般的情形,其基本思想就是用数据块的形式描述系统的状态方程和观测方程,再用卡尔曼滤波对相关的状态进行估计,但是存在以下问题:①状态模型的噪声块是相关的;②估计器是半实时的;③状态块的估计值是非最优的。国内外对声阵列的研究应用较多[206-208],文献[208]提出了将一种低成本的运动声阵列用于检测和跟踪小型飞行器中获得了有效的效果。

本节以运动声阵列跟踪系统的动态模型为基础,将其转化为块的形式,经过这种转化后状态模型的噪声块是不相关的;根据状态块的不同,利用小波变换把状态块分解到不同尺度上,并在时域和频率上建立测量与相应尺度上状态的关系,从而使状态块的更新都是基于每个时刻的测量值进行的,保证了估计器的实时性;采取卡尔曼滤波器递推思想来实现运动声阵列的多尺度贯序式卡尔曼滤波算法,根据最小二乘误差估计理论推导了运动声阵列跟踪系统在球坐标系和笛卡儿坐标系下的误差公式;通过仿真证实了本节算法的有效性和优越性。

1. 运动声阵列跟踪系统的多尺度模型

根据多尺度系统理论,将式(5.1)中状态进行分块,其长度为 M,则第 m 个状态块向量为

$$\boldsymbol{X}(m) = [X(m,1),X(m,2),\cdots,X(m,M)] \tag{5.17}$$

则状态块模型为

$$\boldsymbol{X}(m+1) = \phi(m)\boldsymbol{X}(m,M) + \overline{\boldsymbol{W}}(m) \tag{5.18}$$

式中: $\phi(m) := [\prod_{j=0}^{0} F(mM+j))^{\mathrm{T}}, (\prod_{j=1}^{0} F(mM+j))^{\mathrm{T}}, \cdots (\prod_{j=M-1}^{0} F(mM+j))^{\mathrm{T}}]$

$$\tag{5.19}$$

相应的噪声块为

$$\overline{\boldsymbol{W}}(m) := [\overline{W}^{\mathrm{T}}(m,1), \overline{W}^{\mathrm{T}}(m,2), \cdots, \overline{W}^{\mathrm{T}}(m,M)]^{\mathrm{T}} \tag{5.20}$$

假设各个传感器的采样频率与系统的采样频率相同,对每个传感器的测量值,分别定义长度为 M 的测量块向量为

$$\boldsymbol{Z}_i(m) := [z_i^{\mathrm{T}}(m,1), z_i^{\mathrm{T}}(m,2), \cdots, z_i^{\mathrm{T}}(m,M)]^{\mathrm{T}} \tag{5.21}$$

相应测量噪声块向量为

$$\boldsymbol{V}_i(m) := [V_i^{\mathrm{T}}(m,1), V_i^{\mathrm{T}}(m,2), \cdots, V_i^{\mathrm{T}}(m,M)]^{\mathrm{T}} \tag{5.22}$$

则测量模型块方程为

$$Z_i(m) = \varphi_i(m)X(m) + V_i(m), i = 1,2,\cdots,N_0 \tag{5.23}$$

式中：$\varphi_i(m) := \mathrm{diag}\left[(H_i(m-1)M+1),(H_i(m-1)M+2),\cdots,H_i(mM)\right]$。

小波分析是一种结合频域和时域分析的方法，能够在不同的尺度上刻画和分析系统状态，因此，可以利用小波变换理论在多尺度结构中重新描述运动声阵列跟踪系统的动态模型。设小波算子为 W_X，将其同时作用于状态块方程式（5.18），可得

$$W_X X(m+1) = W_X \phi(m)X(m,M) + W_X\overline{W}(m) \tag{5.24}$$

又由多尺度分解变换方程 $\gamma(m) = W_X X(m)$ 及 $W_X^* W_X = I$，则式（5.24）可以改写为

$$\gamma(m+1) = \phi_w(m)X(m,M) + \overline{V}_r(m) \tag{5.25}$$

式中：$\phi_w(m) := W_X\phi(m)$，$\overline{V}_r(m) := W_X\overline{W}(m)$；$E\{\overline{V}_r(m)\} = 0$；$E\{\overline{V}_r(m)\overline{V}_r^{\mathrm{T}}(m')\} = W_X\overline{Q}(m)W_X^*\delta_{mm'}$。

同理，运动声阵列系统的观测块模型可以等价为

$$Z_i(m) = \varphi_i(m)W_X^* W_X X(m) + V_i(m) = \varphi_{i,w}(m)\gamma(m) + V_i(m) \tag{5.26}$$

式中：$\varphi_{i,w}(m) := \varphi_i(m)W_X^*$。则所有传感器从 1 到 m 块的测量值集合为

$$Z_i(l) = \{z_i(l,1),z_i(l,2),\cdots,z_i(l,M)\}, \quad l = 1,2,\cdots,N_0 \tag{5.27}$$

式（5.25）、式（5.27）分别构成了运动声阵列系统的多尺度状态块模型及观测块模型。

2. 多尺度贯序式卡尔曼滤波算法

多尺度贯序式卡尔曼滤波算法其实质是采用卡尔曼滤波器的递推理论来实现对状态块的估计，其具体算法步骤如下：

（1）初始化小波系数向量 $\gamma(m)$ 的估计值 $\hat{\gamma}_{i-1}(m,s-1)$ 及其估计误差协方差。

（2）计算在第 m 块中的第 s 个点处的状态增益矩阵 $K_i(m,s)$。

$$K_i(m,s) = \overline{P}_{i-1}(m,s)\varphi_w^{\mathrm{T}}(m,s)[\varphi_{i,w}(m,s)\overline{P}_{i-1}(m,s)\varphi_{i,w}^{\mathrm{T}}(m,s) + R_i(m,s)^{-1}] \tag{5.28}$$

（3）计算小波系数向量在第 m 块中的第 s 个点处的估计值 $\hat{\gamma}_i(m,s)$。

$$\hat{\gamma}_i(m,s) = \hat{\gamma}_{i-1}(m,s) + K(m,s)[z_i(m,s) - \varphi_w(m,s)\hat{\gamma}_{i-1}(m,s)] \tag{5.29}$$

（4）估计小波变换的误差协方差 $\overline{P}_i(m,s)$。

$$\overline{P}_i(m,s) = [I - K_i(m,s)\varphi_{i,w}(m,s)]\overline{P}_{i-1}(m,s) \tag{5.30}$$

（5）利用逆小波变换，得到二维目标状态块 $X(m)$ 的估计值和估计协方差。

$$X_i(m,s) = W_X^* \hat{\gamma}_i(m,s), m = 1, 2, \cdots$$

$$P_i(m,s) = W_X^* \bar{P}_i(m,s) W_X, s = 0, 1, \cdots, M, i = 1, 2 \cdots, N_0$$

(5.31)

3. 跟踪系统误差分析

三维运动跟踪系统在系统坐标系下进行滤波和预测,采用最小二乘法分析运动声阵列跟踪系统的误差估计,可设实际值与估计值之差为误差项(δ),则

$$\delta(m) = X(m) - \hat{X}(m, M)$$

(5.32)

对于最小二乘误差估计在球坐标系下建立代价函数 $c(\bar{\theta})$,则有

$$c(\hat{\theta}_m) = \delta(m)^T W_m \delta(m)$$

(5.33)

又由 $\hat{X}(m, M) = \phi(m) \hat{\theta}(m)$,将式(5.32)代入式(5.33)可得

$$c(\hat{\theta}) = (X(m) - \phi(m) \hat{\theta}(m))^T W_m (X(m) - \phi(m) \hat{\theta}(m))$$

$$= (X(m)^T - \hat{\theta}(m)^T) \phi(m)^T) W_m (X(m) - \phi(m) \hat{\theta}(m))$$

$$= X(m)^T W_m Z(m) - 2X(m)^T \phi(m) \hat{\theta}(m) + \hat{\theta}(m)^T \phi(m)^T W_m \phi(m) \hat{\theta}(m)$$

(5.34)

因此有

$$\frac{\partial c(\hat{\theta})}{\partial \hat{\theta}(m)} = -2\phi(m)^T W_m X(m) + 2\phi(m)^T W_m \phi(m) \hat{\theta}(m)$$

(5.35)

令式(5.35)等于零,可得

$$\hat{\theta}(m) = [\phi(m)^T W_m \phi(m)]^{-1} \phi(m)^T W_m X(m) = [\sigma\varepsilon_\alpha, \sigma\varepsilon_\beta]^T$$

(5.36)

而 $\frac{\partial^2 c(\hat{\theta})}{\partial \hat{\theta}(m)^2} = 2\phi(m)^T W_m \phi(m) > 0$,因此,式(5.36)为运动声阵列跟踪系统在球坐标系下的最小二乘误差估计,其中包含了运动声阵列跟踪系统的方位角误差 $\sigma\varepsilon_\alpha$ 及俯仰角误差 $\sigma\varepsilon_\beta$。由式(5.36)可知,系统的方位估计精度与系统的观测值和系统动态模型的状态转移矩阵密切相关,因此从理论上为提高系统方位精度提供了思路:①增强对目标运动状态信息的检测。②建立更加符合实际运动状态的系统模型。

根据球坐标系与笛卡儿坐标系的转换关系,$x = r\sin\beta\cos\alpha, y = r\sin\beta\sin\alpha, z = r\cos\beta$,因此有

$$\begin{cases} \frac{\partial x}{\partial r} = \sin\beta\cos\alpha, \frac{\partial x}{\partial \beta} = r\cos\beta\cos\alpha, \frac{\partial x}{\partial \alpha} = -r\sin\beta\sin\alpha \\ \frac{\partial y}{\partial r} = \sin\beta\cos\alpha, \frac{\partial y}{\partial \beta} = r\cos\beta\sin\alpha, \frac{\partial y}{\partial \alpha} = r\sin\beta\cos\alpha \\ \frac{\partial z}{\partial r} = \cos\beta, \frac{\partial z}{\partial \beta} = -r\sin\beta, \frac{\partial z}{\partial \alpha} = 0 \end{cases}$$

(5.37)

根据误差传导公式有

$$\sigma\varepsilon_r^2 = \frac{\left[\left(\dfrac{x}{r}\dfrac{\partial x}{\partial\beta}\right)^2 + \left(\dfrac{y}{r}\dfrac{\partial y}{\partial\beta}\right)^2 + \left(\dfrac{z}{r}\dfrac{\partial z}{\partial\beta}\right)^2\right]\sigma\varepsilon_\beta^2 + \left[\left(\dfrac{x}{r}\dfrac{\partial x}{\partial\alpha}\right)^2 + \left(\dfrac{y}{r}\dfrac{\partial x}{\partial\alpha}\right)^2\right]\sigma\varepsilon_\alpha^2}{1 - \left[\left(\dfrac{x}{r}\dfrac{\partial x}{\partial r}\right)^2 + \left(\dfrac{y}{r}\dfrac{\partial y}{\partial r}\right)^2 + \left(\dfrac{z}{r}\dfrac{\partial z}{\partial r}\right)^2\right]}$$

$$= \left[\frac{(1 - \sin^2\alpha\cos^2\alpha)\sigma\varepsilon_\beta^2 + (\sin^2\alpha\cos^2\alpha\tan^2\beta)\sigma\varepsilon_\alpha^2}{1 + \sin^2\alpha\cos^2\alpha\tan^2\beta}\right]^{1/2} r \tag{5.38}$$

因此,式(5.37)与式(5.8)组成了运动声阵列跟踪系统在球坐标系下的估计误差,根据式(5.37)、式(5.38),可得系统在笛卡儿坐标系下的估计误差为

$$\begin{cases} \sigma\varepsilon_x^2 = \left(\dfrac{\partial x}{\partial r}\sigma\varepsilon_r\right)^2 + \left(\dfrac{\partial x}{\partial\beta}\sigma\varepsilon_\beta\right)^2 + \left(\dfrac{\partial x}{\partial\alpha}\sigma\varepsilon_\alpha\right)^2 \\[2mm] \sigma_y^2 = \left(\dfrac{\partial y}{\partial r}\sigma_r\right)^2 + \left(\dfrac{\partial y}{\partial\beta}\sigma_\beta\right)^2 + \left(\dfrac{\partial y}{\partial\alpha}\sigma_\alpha\right)^2 \\[2mm] \sigma_z^2 = \left(\dfrac{\partial z}{\partial r}\sigma_r\right)^2 + \left(\dfrac{\partial z}{\partial\beta}\sigma_\beta\right)^2 \end{cases} \tag{5.39}$$

式(5.39)组成了运动声阵列跟踪系统在笛卡儿坐标系下的估计误差。根据式(5.38)可知,运动声阵列跟踪系统对距离的估计误差随着目标与系统的相对距离的减少而减少,随方位估计误差的增加而增加。

4. 运动声阵列跟踪系统的动态仿真

为了研究三维运动声阵列对目标的跟踪情况,假设初始时刻跟踪系统的状态为 $X = [300, 400, 15, 25]$(仿真建立在系统坐标系下进行,由于在 Z 方向上只是运动声阵列自身的运动状态,不涉及跟踪误差分析,因此,仿真初始状态中省略了 Z 方向上的状态表示),对运动声阵列跟踪系统进行分块的块长为 $M = 4$,采用 db4 小波,对系统从最细尺度 $N = 3$ 到最粗尺度 $L = 1$ 进行小波变换,二维目标运动时间为 100s,分别做下列运动:1~20s 做匀速运动;21~40s 分别在 x,y 方向做加速度为 3m/s^2 和 -3 m/s^2 的弱加速运动;41~60s 做匀速运动;61~80s 分别在 x,y 方向做加速度为 10 m/s^2 和 -10 m/s^2 的强加速运动;81~100s 做匀速运动。初始协方差矩阵为 $\text{diag}(10^{-4}x[4, 1, 0.25, 4, 1, 0.25]$,观测噪声及系统状态噪声方差为 50,系统采样周期 $T = 1\text{s}$,进行了 100 次蒙特卡罗仿真,并与传统的卡尔曼滤波进行了对比,统计了两种算法的位置均方根误差(Root Mean Square,RMS),仿真结果如表 5.1 所列。表 5.1 中 $E - x\text{RMS}$、$E - y\text{RMS}$ 分别代表 x,y 方向 RMS 均值,$\sigma_{x\text{RMS}}$、$\sigma_{y\text{RMS}}$ 分别代表 x,y 方向 RMS 的方差。

如图 5.2、图 5.3 所示,分别为 x,y 方向速度及其估计值在不同尺度上的平滑信号,从上到下依次为最粗尺度 $L = 1$ 到最细尺度 $N = 3$。从图中可以看出,在粗尺度

$L=1$ 中,从整个运动时间段来分析,x,y 方向速度估计值比较平滑,波动程度小;而在最细尺度 $N=3$ 中,波动程度明显增加,但是在短时间段内,更能看出目标的运动状态的变化,因此,证实了该算法具有对目标状态向量进行多尺度分析的能力。

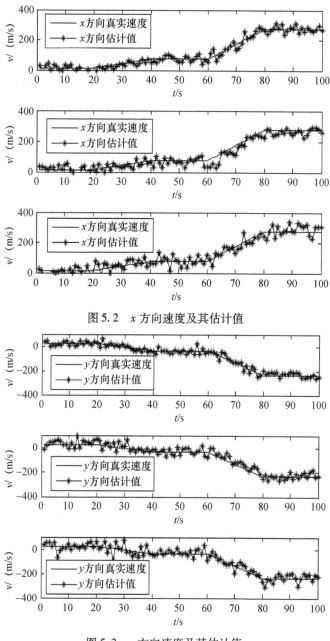

图 5.2　x 方向速度及其估计值

图 5.3　y 方向速度及其估计值

表 5.1　MSBKF 蒙特卡罗仿真数据统计

算法	$E-x\mathrm{RMS/m}$	$E-y\mathrm{RMS/m}$	$\sigma_{x\mathrm{RMS}}/\mathrm{m}$	$\sigma_{y\mathrm{RMS}}/\mathrm{m}$	计算时间/(s/次)
卡尔曼滤波算法	10.63	12.48	3.14	3.94	0.468
MSBKF	7.49	8.07	2.27	2.54	0.811
相对精度/%	29.56	35.32	27.62	31.77	76.50

图 5.5 为 x,y 轴位置均方根误差随蒙特卡罗仿真次数变化图,结合图 5.4、图 5.5 及表 5.1 可知,在相同的仿真初始条件下,传统的卡尔曼滤波算法在 x,y 轴位置 RMS 均值分别为 10.63m、12.48m,而 MSBKF 算法在 x,y 轴位置 RMS 均值分别为 7.49m、8.07m,其相对精度分别提高了 29.56%、35.32%;在算法的稳定性上,定义的均值方差是指 100 次蒙特卡罗仿真结果偏离均值的程度,可知算法的均值方差最小,且 MSBKF 算法在 x,y 方向的 RMS 均值方差分别提高了 27.62%、31.77%,说明了在相同的输入条件下,算法的输出结果的离散度最小,因此证实了算法在稳定性上的优越性。然而在计算时间上,MSBKF 算法一次蒙特卡罗仿真需要时间 0.811s,相对于卡尔曼滤波算法,计算量增加了 76.50%。因此,MSBKF 算法虽然在精度上有了很大的提高,但是跟踪过程中存在滞后,如果目标在大机动状态下,可能造成滤波精度的降低,甚至出现滤波发散现象。

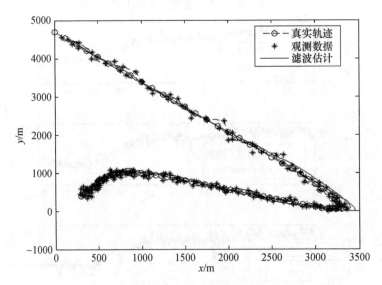

图 5.4　目标的真实轨迹、观测轨迹、滤波估计轨迹

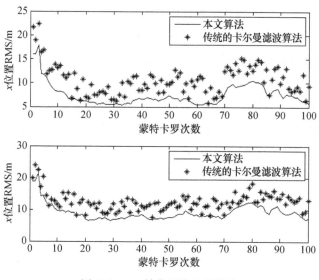

图 5.5　x、y 轴位置均方根误差

5.1.3　运动阵列对声目标 CACEMD – VDAKF 跟踪算法

精度与实时性是一矛盾体,精度的增加必然会引起计算量的增加,因而降低了跟踪的实时性,特别是对于具有一定机动能力的目标来说,在某种程度上,实时性是决定跟踪系统是否发散的主要因素。因此,研究一种实时跟踪且具有一定跟踪精度的滤波算法,就显得十分必要。

本节将运动声阵列跟踪过程分为两个阶段考虑:一个是目标状态稳定阶段,即目标不发生机动;另一个就是目标机动状态,包含目标的机动方式与机动时间。对于目标机动辨识,本节采用第 4 章中的当前平均改变能量的机动检测算法(Current Average Change Energy Maneuvering Detection, CACEMD),在跟踪滤波中采用了"变维"自适应卡尔曼滤波(Variable Dimension Adaptive Kalman Filtering Algorithm, VDAKF)算法,即当目标不具有机动性时,用非机动模型,只跟踪目标的位置和速度;当出现机动性时,立即转换到机动模型跟踪位置、速度和加速度。VDAKF 步骤如下:

(1)初始化,设置目标的初始位置及初始协方差矩阵。

(2)在球坐标系计算滤波增益矩阵。

$$K(k) = P(k/k-1)H^{\mathrm{T}}[H(k)P(k/k-1)H^{\mathrm{T}}(k) + R(k)]^{-1} \qquad (5.40)$$

(3)在球坐标系下计算状态的更新值。

$$X(k/k) = X(k/k-1) + K(k)[Z(k) - H(k)X(k/k-1)] \qquad (5.41)$$

（4）计算球坐标系下的误差协方差矩阵。

$$P(k/k) = (I - K(k)H(k))P(k/k-1) \tag{5.42}$$

（5）计算笛卡儿坐标系下的状态一步预测值。

$$X(k+1/k) = F(k)X(k/k) \tag{5.43}$$

（6）计算笛卡儿坐标系下的状态协方差一步预测值。

$$P(k+1/k) = F(k+1,k)P(k/k)F^{T}(k+1,k) + Q(k) \tag{5.44}$$

本节 CACEMD – VDAKF 算法流程图如图 5.6 所示。在二维初始设定中，

初始协方差矩阵为 $P_0 = \begin{bmatrix} \sigma^2 & 0 & 0 \\ 0 & \dfrac{\sigma^2}{T} & 0 \\ 0 & 0 & 0 \end{bmatrix}$，三维初始设定中，初始协方差矩阵为

$$P_0 = \begin{bmatrix} \sigma^2 & 0 & 0 \\ 0 & \dfrac{\sigma^2}{T} & 0 \\ 0 & 0 & \dfrac{\sigma^2}{T^2} \end{bmatrix}。$$

通过 CACEMD 机动检测算法，若辨识目标发生机动，则采用三维卡尔曼滤波算法，在机动时间上，根据式（4.23）设计机动判别机动消失阈值，若机动消失，则系统滤波转换为二维卡尔曼滤波算法。CACEMD – VDAKF 不仅保留了卡尔曼滤波算法的优点，增加了对目标机动辨识的能力，而且通过改变滤波维数来调节滤波算法，从而提高了滤波实时性，因此，从理论上分析 CACEMD – VDAKF 能够满足对机动目标跟踪的性能要求。

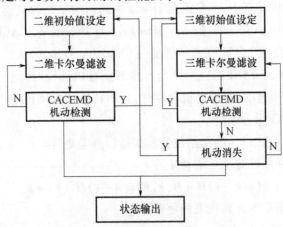

图 5.6　CACEMD – VDAKF 算法流程图

为了进一步验证 CACEMD - VDAKF 算法的有效性,对算法进行了仿真,跟踪系统初始状态、跟踪过程目标运动状态、观测噪声方差、系统状态噪声方差以及采样周期,同 5.1.2 节,机动检测几何窗口为 $b = 2T, l = 5$,调制因子 $a = 1.2$,虚警概率为 $\alpha = 0.05$,初始二维协方差矩阵为 $\mathrm{diag}(10^{-4}x[4,1,0,4,1,0])$,初始三维协方差矩阵为 $\mathrm{diag}(10^{-4}x[4,1,0.25,4,1,0.25])$,与卡尔曼滤波算法进行了对比分析,蒙特卡罗仿真下,x,y 方向速度估计与真实速度对比及位置标准差随时间的变化如图 5.7 ~ 图 5.10 所示。表 5.2 为 CACEMD - VDAKF 算法 100 次蒙特卡罗仿真数据统计。

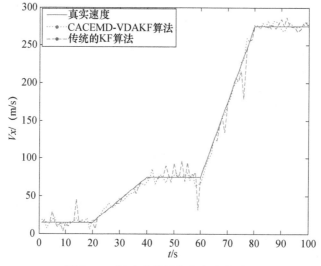

图 5.7　x 轴速度估计与真实速度对比

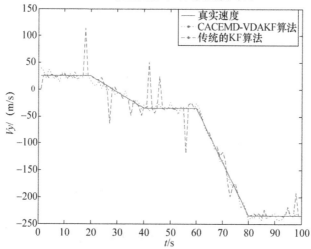

图 5.8　y 轴速度估计与真实速度对比

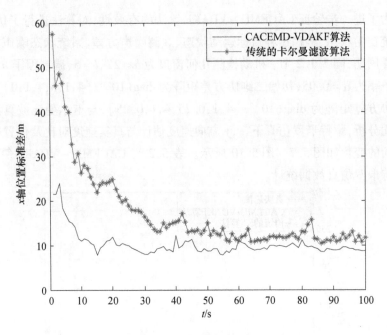

图 5.9　x 轴位置标准差

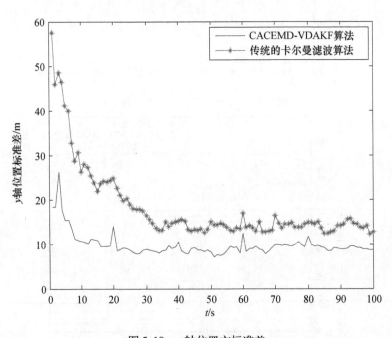

图 5.10　y 轴位置方标准差

表 5.2　100 次蒙特卡罗仿真数据统计

算法	$E-x\text{RMS}/\text{m}$	$E-y\text{RMS}/\text{m}$	$\sigma_{x\text{RMS}}/\text{m}$	$\sigma_{y\text{RMS}}/\text{m}$	计算时间/(s/次)
卡尔曼滤波	14.81	15.85	9.17	8.62	0.487
CACEMD-VDAKF 算法	11.22	10.82	2.74	2.63	0.632
相对精度/%	24.24	31.74	70.12	69.49	29.78

由图 5.7、图 5.8 可知,在 x,y 方向速度估计中,CACEMD-VDAKF 算法估计精度高于传统的卡尔曼滤波算法,在目标机动发发生时刻,如 $t=20\text{s},40\text{s}$,$60\text{s},80\text{s}$ 时,卡尔曼滤波算法对速度的估计误差明显增加,而在目标运动状态稳定时间段内,两种算法对速度的估计精度相差不大。又由图 5.9、图 5.10 及表 5.2 可知,CACEMD-VDAKF 算法在 x,y 轴位置均值标准差分别为 11.22m、10.82m,传统的卡尔曼滤波算法在 x,y 轴位置均值标准差分别为 14.81m、15.85m,CACEMD-VDAKF 算法的相对精度分别提高了 24.24%、31.74%;在 x,y 方向的均值方差方面,CACEMD-VDAKF 算法分别提高了 70.12%、69.49%,从而证实了该算法的稳定性有了很大的提高。在计算量上,CACEMD-VDAKF 算法蒙特卡罗仿真需要时间 2.32s/次,对于卡尔曼滤波法,计算量增加了 29.78%,但是与 MSBKF 算法相比较,CACEMD-VDAKF 算法在跟踪精度上相当(相对误差 <5%),CACEMD-VDAKF 算法却提高了 22.07%。同时由图 5.7、图 5.8 可知,在机动发生时刻,x,y 轴位置标准差明显增加,而在非机动时刻,x,y 轴位置标准差波动较少。因此,在线性、高斯跟踪系统下,针对机动目标的跟踪,CACEMD-VDAKF 算法适时性更强,而对于非机动目标的跟踪,MSBKF 算法的跟踪精度更高。

5.2　高斯、非线性跟踪系统滤波算法研究

非线性是指跟踪系统的状态模型或观测是非线性的。针对三维运动声阵列跟踪系统,在系统坐标系下,跟踪系统的观测方程为非线性方程,在极坐标或是球坐标系下,跟踪系统的状态方程为非线性方程,因此,三维运动声阵列对二维声目标的跟踪,从本质上来说,属于非线性跟踪问题的一种。本节主要研究在高斯假设下,非线性运动声阵列跟踪系统的跟踪滤波算法。

5.2.1 推广卡尔曼滤波(EKF)与预测

1. EKF 滤波(EKF)与预测

EKF 是一种最小均方误差(Minimum Mean Square Error, MMSE)估值[209-211],它将跟踪系统的非线性状态模型中状态转移函数 f_k 或是观测函数 h_k 在目标状态的预测估值 $\hat{X}(k/k-1)$ 处做泰勒级数展开,并舍弃二阶以上各项,只保留线性项,从而将跟踪系统的非线性方程转换成线性方程,然后利用线性滤波理论导出有限范围内的近似滤波估值算法。

三维运动声阵列跟踪系统非线性状态方程及量测方程可表示为式(5.1)。将非线性状态模型中状态转移函数 f_k 或是观测函数 h_k 做泰勒级数展开,只保留线性项,转换成线性方程,则令

$$\Phi(k,k-1) = \frac{\partial f[X(k-1)]}{\partial X(k-1)}\bigg|_{x(k-1)=\hat{x}(k-1/k-1)} \tag{5.45}$$

$$H(k) = \frac{\partial h[X(k)]}{\partial X(k)}\bigg|_{x(k-1)=\hat{x}(k/k-1)} \tag{5.46}$$

线性化后 EKF 滤波方程为

$$X(k+1) = \Phi(k)X(k) + W(k) + f[\hat{X}(k-1/k-1)] - \Phi(k)\hat{X}(k-1/k-1) \tag{5.47}$$

$$Z(k) = H(k)X(k) + V(k) + h[\hat{X}(k/k-1)] - H(k)\hat{X}(k/k-1) \tag{5.48}$$

$X(k)$ 为状态估计;$Z(k)$ 为声阵列测量数据;$W(k)$、$V(k)$ 为高斯白噪声,方差为 $Q(k)$、$R(k)$。

推广卡尔曼滤波公式:

$$\hat{X}(k/k-1) = \Phi(k,k-1)\hat{X}(k-1/k-1) \tag{5.49}$$

$$\hat{X}(k/k) = \hat{X}(k/k-1) + K(k)[Z(k) - h[\hat{X}(k/k-1)]] \tag{5.50}$$

$$K(k) = P(k/k-1)H^{T}(k)[H(k)P(k/k-1)H^{T}(k) + R(k)]^{-1} \tag{5.51}$$

$$P(k/k-1) = \Phi(k,k-1)P(k-1/k-1)\Phi^{T}(k,k-1) + Q(k) \tag{5.52}$$

$$P(k/k) = [I - K(k)H(k)]P(k/k-1) \tag{5.53}$$

推广卡尔曼滤波器,在有适度非线性的许多应用中效果很好,因而在实际中得到广泛应用。但是,由于存在线性化误差,因而精度不高,常常导致滤波器发散。

2. EKF 滤波的偏差分析

在用 EKF 算法对非线性系统进行滤波和估计时,当状态方程的非线性或观测方程的非线性比较严重时,将会出现显著的偏差,现分析如下。

令估计误差为

$$\begin{cases} \tilde{X}(k/k) = \hat{X}(k/k) - X(k) \\ \tilde{X}(k/k-1) = \hat{X}(k/k-1) - X(k) \end{cases} \tag{5.54}$$

偏差为

$$\begin{cases} E(k/k) = E(\tilde{X}(k/k)) \\ E(k/k-1) = E(\tilde{X}(k/k-1)) \end{cases} \tag{5.55}$$

由式(5.54)可知

$$\tilde{X}(k/k) = \tilde{X}(k/k-1) + K(k)[Z(k) - b(k) - H(k)\hat{X}(k/k-1)] \tag{5.56}$$

式中：$b(k) = h[\hat{X}(k/k-1), k-1] - H(k)\hat{X}(k-1/k-1)$ 为观测矩阵线性化误差。

又因为

$$Z(k) = H(k)X(k) + b(k) + \frac{1}{2}\sum e_t \mathrm{tr}[D_t \tilde{X}(k/k-1)\tilde{X}^{\mathrm{T}}(k/k-1)] + V(k) \tag{5.57}$$

式中：$D_t = [D_{t\alpha\beta}]$ 为 $n \times n$ 对称偏导数矩阵，且有 $D_{t\alpha\beta} = \dfrac{\partial^2 h_i}{\partial_{x_\alpha}\partial_{x_\beta}}, \alpha, \beta = 1, 2, \cdots, n; e_t$ 为单位向量；$\mathrm{tr}[\,\cdot\,]$ 为矩阵的迹。

将式(5.57)代入式(5.56)，可得

$$\tilde{X}(k/k) = (I + K(k)H(k))\tilde{X}(k/k-1) + \frac{1}{2}K(k)$$

$$\sum_{t=1}^{m} e_t \mathrm{tr}[D_t \tilde{X}(k/k-1)\tilde{X}^{\mathrm{T}}(k/k-1)] + K(k)V(k) \tag{5.58}$$

对式(5.62)两边取数学期望，且有

$$E[\tilde{X}(k/k-1)\tilde{X}^{\mathrm{T}}(k/k-1)] = P(k/k-1) + E(k/k-1)E^{\mathrm{T}}(k/k-1) \tag{5.59}$$

则得

$$E[k/k] = [I + K(k)H(k)]E(k/k-1) + \frac{1}{2}K(k)$$

$$\sum_{t=1}^{m} e_t \mathrm{tr}[D_t P(k/k-1) + E(k/k-1)E^{\mathrm{T}}(k/k-1)] \tag{5.60}$$

同理可得

$$E[k/k-1] = \Phi(k, k-1)E(k/k) + \frac{1}{2}K(k)\sum_{t=1}^{m} Te_t \mathrm{tr}[C_t P(k/k) + E(k/k)E^{\mathrm{T}}(k/k)]$$

$$\tag{5.61}$$

式中:T 为跟踪系统采用周期,$\boldsymbol{C}_t = [C_{t\alpha\beta}]$ 为 $n \times n$ 对称偏导数矩阵,且有 $D_{t\alpha\beta} = \dfrac{\partial^2 f_k}{\partial_{x_\alpha}\partial_{x_\beta}}$,$\alpha,\beta = 1,2,\cdots,n$。

由式(5.60)、式(5.61)可知 EKF 滤波的偏差不仅与 $h[X(k)]$、$f[X(k-1)]$ 的二阶偏导数成正比例,而且与协方差矩阵 $P(k/k-1)$,$P(k/k)$ 以及采样间隔有关。

5.2.2　运动声阵列自适应交互多模型无迹粒子滤波(AIMMUPF - MR)

三维运动声阵列跟踪二维机动声目标是非线性应用领域中高度复杂的问题,不仅跟踪系统状态方程的非线性使得跟踪计算复杂,而且目标机动情况更是很难估计。在高斯噪声的假设下,当二维声目标处于非机动状态下,利用卡尔曼滤波及扩展卡尔曼滤波能够获得比较好的滤波精度,但是在目标机动状态下,线性滤波器或是以泰勒级数为基础的扩展卡尔曼滤波器已经满足不了跟踪精度要求。其中的原因主要有两个:①目标的实际运动状态与跟踪系统的状态模型不相符合,从而引起了滤波器的状态模型及观测模型与实际模型有了偏差,特别是目标机动强度较大时,这种偏差就会造成滤波发散,因此,滤波器中的动态模型只有符合目标的运动,跟踪精度才会提高[212],然而在机动目标跟踪中,目标的运动不能完全被一个模型描述,解决此类问题的方法是一般采用多模型法来提高跟踪系统模型与实际目标运动模型的相似度。基于此,有关学者提出了交互多模型(Interacting Multiple Model, IMM)算法[213-214]。但是从目前的应用中,此模型算法的应用主要集中于对雷达目标的跟踪方面,在被动目标跟踪中的应用却是很少见到[215]。文献[216]首先将这一算法应用于被动传感器,将红外搜索与跟踪传感器测量得到的目标的俯仰角和方位角与雷达测得的目标的距离和俯仰角信息进行融合来跟踪目标。②以卡尔曼为基础的滤波器不能满足跟踪环境中非线性状态的要求,跟踪系统状态方程或观测方程线性化误差增加,难以满足系统跟踪性能。

本节针对高斯、非线性运动声阵列跟踪系统,提出了一种基于测量残差的自适应交互多模型无迹粒子滤波算法。该算法通过无迹变换(Unscented Transformation, UT)构造初始粒子概率分布函数,利用测量残差及自适应因子实时修正测量协方差和状态协方差,同时也增加了滤波增益的自适应调节能力及后验概率密度函数的实时性;通过不同算法 Matlab 仿真对比,验证了本节算法在跟踪精度、稳定性及实时性上的有效性。

1. 交互多模型及无迹粒子滤波算法

根据上述分析,在系统坐标系下,分析运动声阵列系统对二维目标的跟踪情况可知,系统的状态方程为线性方程,而观测方程为非线性方程,因此,式(5.1)可离散化。

状态方程和观测方程为

$$\begin{cases} X(k+1) = F(k)X(k) + W(k) \\ Z(k) = h_k(X_k) + V(k) \end{cases} \tag{5.62}$$

式中:

$$h_k(X_{k+1}) = \begin{cases} \arctan(r_k/z_k), x_k > 0, y_k > 0, z_k > 0 \\ \arctan(r_k/z_k) + \pi/2, x_k > 0 \text{ 或 } y_k > 0, z_k > 0 \\ \arctan(r_k/z_k), x_k < 0, y_k < 0, z_k > 0, r_k = \sqrt{x_k^2 + y_k^2} \end{cases}$$

假设在交互多模型中共有 m 个模型组成交互多模型集合,则运动声阵列跟踪系统在交互多模型集合中的状态方程及观测方程为

$$X^a(k+1,j) = F(k,j)X(k,j) + W(k,j) \tag{5.63}$$

$$Z(k+1,j) = \begin{cases} \arctan(r_k^j/z_k^j), x_k^j > 0, y_k^j > 0, z_k^j > 0 \\ \arctan(r_k^j/z_k^j) + \pi/2, x_k^j > 0 \text{ 或 } y_k^j > 0, z_k^j > 0 + V(k,j) \\ \arctan(r_k^j/z_k^j) + \pi/2, x_k^j < 0, y_k^j < 0, z_k^j > 0 \end{cases} \tag{5.64}$$

式中:$j = 1,2,3,\cdots,m$,模型之间的转换符合马尔可夫链。

UT 变换是在状态向量附近选取有限的采样点,将采样点通过非线性系统传递,得到状态向量近似的统计特性,由于其没有对非线性函数进行线性化处理,因而得到的后验概率密度函数分布及协方差矩阵比扩展卡尔曼滤波更加精确。无迹粒子滤波就是将 UT 变换与粒子滤波相结合的一种滤波算法,具体步骤如下:

(1)计算 Sigma 点,首先根据系统均值 $\overline{X}_\alpha^a(k+1,j)$ 及协方差 P_k^α,得到 $2n_x + 1$ 个取样点 $\overline{X}_{i,k,\alpha}^a(k+1,j)$ 及相应的权值 ω_i。

$$\overline{X}_{i,k,\alpha}^a = \begin{cases} \overline{X}_{i,k,\alpha}^a & i = 0 \\ \overline{X}_{i,k,\alpha}^a + \left(\sqrt{(n_x + \lambda)P_{k,\alpha}^a}\right)_i & i = 1,2,3,\cdots,n_x \\ \overline{X}_{i,k,\alpha}^a - \left(\sqrt{(n_x + \lambda)P_{k,\alpha}^a}\right)_i & i = n_x + 1,\cdots,2n_x \end{cases} \tag{5.65}$$

$$\omega_i = \begin{cases} \lambda/(n_x + \lambda) & i = 0 \\ 1/[2(n_x + \lambda)] & i = 1,2,3,\cdots,2n_x \end{cases} \tag{5.66}$$

式中:$(\sqrt{(n_x + \lambda)P_{k,\alpha}^a})_i$ 为矩阵 $(n_x + \lambda)P_{k,\alpha}^a$ 平方根的第 i 行(列)向量,系数 $\lambda = \alpha^2(n_x + \kappa) - n_x, \alpha, k$ 为待选系数。

(2)计算 $X_{i,k-1,\alpha}^a$ 的均值和协方差估计。

$$\bar{X}_{k/k-1}^a = \sum_{i=0}^{2n_x} \omega_i X_{i,k/k-1,\alpha}^a \tag{5.67}$$

$$P_{k/k-1}^a = \sum_{i=0}^{2n_x} \omega_i (X_{i,k,k-1,\alpha}^a - \bar{X}_{i,k,k-1,\alpha}^a)(X_{i,k,k-1,\alpha}^a - \bar{X}_{i,k,k-1,\alpha}^a)^T \tag{5.68}$$

(3)时序更新,假设 $k-1$ 时刻的状态向量和状态协方差分别为 $\hat{X}_{k-1/k-1}^a$,$P_{k-1/k-1}^a$。根据式(5.65)、式(5.66)计算出 $\bar{X}_{i,k-1,\alpha}^a$ 和对应的权值 ω_i,又由式(5.63)可得一步状态预测及协方差矩阵为

$$X_{k/k-1,i}^a = F_{k-1,i}X_{k-1,i}, \bar{X}_{k/k-1,i}^a = \sum_{i=0}^{2n_x} W_i X_{k/k-1,i,\alpha}^a \tag{5.69}$$

$$P_{k/k-1,i}^a = \sum_{i=0}^{2n_x} W_i (X_{k/k-1,i}^a - \bar{X}_{k/k-1,i}^a)(X_{k/k-1,i}^a - \bar{X}_{k/k-1,i}^a)^T \tag{5.70}$$

(4)量测更新,根据式(5.64)可得量测更新。

$$Z_{k/k-1,i} = h(X_{k/k-1,i}^a), \bar{Z}_{k/k-1,i} = \sum_{i=0}^{2n_x} W_i Z_{k/k-1,i,\alpha} \tag{5.71}$$

$$P_{\bar{Z}_k\bar{Z}_k}^a = \sum_{i=0}^{2n_x} W_i (Z_{k/k-1,i} - \bar{Z}_{k/k-1,i})(Z_{k/k-1,i} - \bar{Z}_{k/k-1,i})^T \tag{5.72}$$

$$P_{z_k x_k}^a = \sum_{i=0}^{2n_x} W_i (X_{k/k-1,i}^a - \bar{X}_{k/k-1,i}^a)(Z_{k/k-1,i} - \bar{Z}_{k/k-1,i})^T \tag{5.73}$$

$$K_k = P_{\bar{Z}_k x_k}^a (P_{z_k \bar{z}_k}^a)^{-1} \tag{5.74}$$

$$\bar{X}_{k,i}^a = \bar{X}_{k/k-1,i}^a + K_k(Z_k - \bar{Z}_{k/k-1,i}) \tag{5.75}$$

$$P_k^a = P_{k/k-1,i}^a - K_k P_{\bar{Z}_k\bar{Z}_k}^a K_k^T \tag{5.76}$$

(5)采样与粒子权值更新。从分布 $N(\bar{X}_{k,i}^a, P_{k,i}^a)$ 中采样 n 个粒子,$\hat{X}_{k,i}^a \sim q(X_{k,i}^a/X_{k-1,i}^a, Z_k)$,因此粒子权值为

$$\bar{\omega}_k^i = \bar{\omega}_{k-1}^i \frac{p(Z_k/\hat{X}_{k,i}^a)p(\hat{X}_k^a/X_{k-1,i}^a)}{q(X_{k,i}^a/X_{k-1,i}^a, Z_k)} \tag{5.77}$$

归一化为 $\omega_k^i = \bar{\omega}_k^i / \sum_{i=1}^n \bar{\omega}_k^i$。

则估计模型 j 的状态输出为

$$\hat{X}_{k,j}^a = \sum_{i=1}^n \omega_k^i X_{k,i}^a \tag{5.78}$$

2. 基于测量残差的修正交互多模型粒子滤波算法(AIMMUPF – MR)

由式(5.77)、式(5.78)可知,假设估计模型为 j 时(无特殊说明所有推导都是基于此假设),滤波状态的估计同粒子权值及粒子的状态存在线性关系,而粒子的权值是由采样分布与重要性密度函数所确定,粒子状态由粒子一步预测协方差及增益所确定,同时协方差与增益同观测残差存在线性关系,因此,利用测量残差及自适应因子来调节粒子协方差及增益。根据上述分析可知,粒子测量残差可定义为 $\delta_{k,i}$,则有

$$\delta_{k,i} = Z_{k,i} - \overline{Z}_{k/k-1,i} \tag{5.79}$$

其协方差矩阵表示为

$$S = \sum_{i=0}^{n} w_{k,i} (Z_{k,i} - \overline{Z}_{k/k-1,i})(Z_{k,i} - \overline{Z}_{k/k-1,i})^{\mathrm{T}} \tag{5.80}$$

定义自适应因子为

$$a_{k,i} = \begin{cases} 1 & , \quad \mathrm{tr}(\delta_{k,i}\delta_{k,i}^{\mathrm{T}}) \leqslant \mathrm{tr}(S) \\ \dfrac{(\mathrm{tr}(\delta_{k,i}\delta_{k,i}^{\mathrm{T}}) - \mathrm{tr}(S))^2}{\mathrm{tr}(\delta_{k,i}\delta_{k,i}^{\mathrm{T}})} & , \quad \mathrm{tr}(\delta_{k,i}\delta_{k,i}^{\mathrm{T}}) \geqslant \mathrm{tr}(S) \end{cases} \tag{5.81}$$

在矩阵秩的运算中,协方差的计算有一个是矩阵和半正定矩阵的相减运算,由于受到计算机字长的限制,该运算在小型机和微机上实现时很容易使得协方差矩阵失去正定性,从而可能造成滤波的发散。因此可以采用 U – D 分解的方法来避免由于计算机计算矩阵秩而引起的误差,具体分解方法可参考文献 [217]。由式(5.81)可知,$0 < \alpha_{k,i} \leqslant 1$,分析协方差矩阵可知,当目标发生机动时,观测残差将会增加,观测误差也会增大,跟踪系统的稳定性降低,此时需要调节滤波协方差及增益来改善跟踪精度,因此有 $0 < \alpha_{k,i} < 1$;当目标状态稳定时,观测残差及观测误差也将会保持一定的稳定,相应的跟踪精度也会保持在可信的范围内,此时不需要调节滤波参数,因此 $\alpha_{k,i} = 1$。

经过上述分析可知,通过自适应因子来修正协方差,从而使得滤波增益具有自适应能力,具体的修正方式如下:

$$P'^{a}_{\overline{Z}_k Z_k} = \sum_{i=0}^{2n_x} \frac{\omega_i}{\alpha_{k,i}} (Z_{k|k-1,i} - \overline{Z}_{k|k-1,i})(Z_{k|k-1,i} - \overline{Z}_{k|k-1,i})^{\mathrm{T}} \tag{5.82}$$

$$P'^{a}_{\overline{Z}_k X_k} = \sum_{i=0}^{2n_x} \frac{W_i}{\alpha_{k,i}} (X^a_{k/k-1,i} - \overline{X}^a_{k/k-1,i})(Z_{k/k-1,i} - \overline{Z}_{k/k-1,i})^{\mathrm{T}} \tag{5.83}$$

$$K_k = P'^{a}_{\overline{Z}_k X_k} (P'^{a}_{\overline{Z}_k Z_k})^{-1}, \quad P'^{a}_k = \frac{1}{\alpha_k} P^a_{k/k-1,i} - K'_k P'^{a}_{\overline{Z}_k \overline{Z}_k} K_k^{\mathrm{T}} \tag{5.84}$$

由式(5.82) ~ 式(5.84)可知,粒子的协方差及滤波增益经过了自适应因子

的修正,又由式(5.76)可知,调节了滤波增益从而使得当前时刻跟踪滤波算法的协方差进行了修正,从而在粒子采样及权值更新中,重要性密度函数也就包含了当前时刻观测新信息,使得重要性密度函数融入了最新观测信息,这些将更加符合状态变量的实际后验概率分布,减少了状态模型误差对滤波结果的影响。具体的自适应交互多模型无迹粒子滤波算法框图如图 5.11 所示。

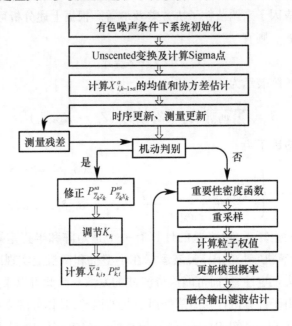

图 5.11　自适应交互多模型无迹粒子滤波算法框图

3. 算法仿真及分析

为了进一步验证 AIMMUPF – MR 算法的有效性,对算法进行了仿真,跟踪系统初始状态、跟踪过程目标运动状态以及采样周期同 5.1.2 小节,过程噪声方差为 $10m/s^2$,测量模型中方位角的测量误差为 $0.1m/rad$,重采样周期为 $2s$,初始协方差阵 $diag(10^{-4}x[4,1,0.25,4,1,0.25])$,初始粒子数目 $N=1000$。采用两个模型构成算法的模型集:模型 1 为匀速直线运动模型,模型 2 为匀加速运动模型,两模型的初始概率分别为 $0.6,0.4$, 马尔可夫转移概率矩阵为 $[0.98\ 0.02;0.1\ 0.9]$。设 $\alpha=1,\kappa=2$,自适应因子初值为 $\alpha_0=1$。分别采用传统的 EKF 算法、多模型无迹粒子滤波算法(IMM – UPF)以及本节的 AIMMUPF – MR 算法进行了蒙特卡罗仿真,其仿真数据统计如表 5.3 所列。

由图 5.12、图 5.13 可知,在 x,y 方向速度估计中,无论在机动发生时刻还是在目标运动状态稳定时间段内,AIMMUPF – MR 算法估计精度明显高于 EKF 滤波算法、IMM – UPF 算法,这主要是因为:①AIMMUPF – MR 算法采用了多模型结构,目标的实际运动状态与运动声阵列跟踪系统的状态模型相符合,从而降低了由于模型不符而造成的滤波偏差;②AIMMUPF – MR 算法利用测量残差及自适应因子实时修正了测量协方差和状态协方差,同时也增加了滤波增益的自适应调节能力及后验概率密度函数的实时性,因此,提高了声阵列系统跟踪的性能。

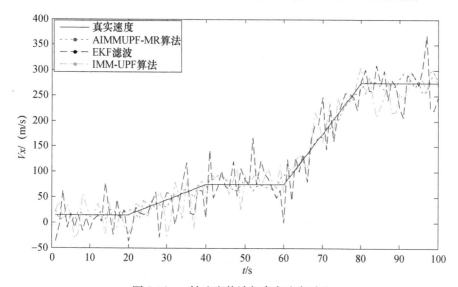

图 5.12　x 轴速度估计与真实速度对比

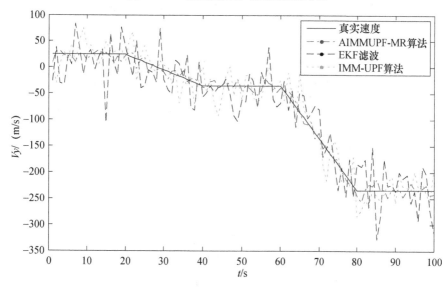

图 5.13　y 轴速度估计与真实速度对比

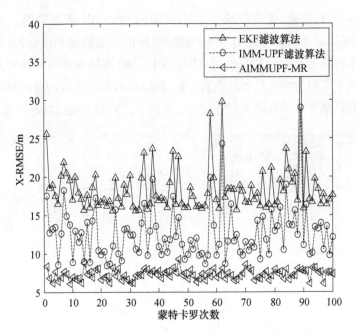

图 5.14　x 轴位置均方根误差

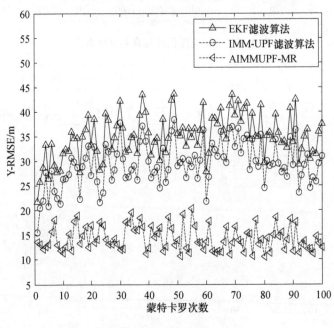

图 5.15　y 轴位置均方根误差

表5.3 蒙特卡罗仿真数据统计

算法	$E-x$RMS/m	$E-y$RMS/m	$\sigma_{x\text{RMS}}$/m	$\sigma_{y\text{RMS}}$/m	计算时间/(s/次)
EKF 滤波算法	18.48	35.11	4.40	4.48	0.542
IMM – UPF 算法	12.57	29.29	3.23	3.34	0.645
AIMMUPF – MR 算法	7.25	14.27	1.64	2.45	0.806

又根据图 5.14、图 5.15 及表 5.3 可知,AIMMUPF – MR 算法在 x,y 轴位置均值标准差分别为 7.25m、14.27m,相对于 EKF 滤波算法、IMM – UPF 算法来说,分别提高了 60.77%、43.32%、59.36%、51.28%。在 x,y 方向的均值方差方面,AIMMUPF – MR 算法分别提高了 62.73%、49.23%、45.31%、26.65%,从而证实了 AIMMUPF – MR 算法在滤波精度及稳定性上有了很大的提高。这主要是因为基于观测残差的自适应多模型无迹粒子滤波算在目标跟踪中对目标机动状态的估计有了很大的提高,从而使得滤波模型更加符合实际的跟踪系统模型,从而改善了滤波精度及稳定性。然而,在仿真过程中发现,由于 AIM-MUPF – MR 算法增加了对机动目标的机动时刻判断,从而在算法整体过程中增加了调节与修正的步骤,因此,相比于其他两种算法,AIMMUPF – MR 算法在计算量上有所增加。为了达到实时处理机动跟踪的目的,在工程应用上可以采用并行处理和多分辨率处理的方式来提高计算效率。

5.3 确定性核粒子群粒子滤波跟踪算法及其 CRLB 推导

随着三维运动声阵列跟踪理论研究进一步深入,当跟踪系统模型附加的噪声由高斯变为非高斯分布且系统模型由线性变为非线性时,传统的线性高斯滤波算法不能符合运动声阵列跟踪系统的要求,因此,非高斯、非线性滤波算法成为三维运动声阵列跟踪理论研究的重点。

在非高斯、非线性跟踪条件下,最优滤波算法通常很难建立,实际应用的都是各种次优算法。粒子滤波(Particle Filter,PF)通过非参数化的蒙特卡罗模拟方法来实现递推贝叶斯滤波,用样本形式而不是以函数形式对先验信息和后验信息进行描述。当样本点数增至无穷大,蒙特卡罗模拟特性与后验概率密度函数等价,从而滤波精度可以逼近最优估计。它不受线性和高斯分布的限制,适用于能用状态空间模型表示的任何非线性系统。一般情况下,用蒙特卡罗模拟的方法实现递推滤波,其运算量要远大于解析高斯近似的方法。但是,粒子滤波实现方便且适合并行处理,随着数字处理技术的快速发展,该方法具有广阔的应用前景。此外,由于三维运动声阵列跟踪系统对二维声目标跟踪时初始误差一般都较大,而传统高斯线性滤波算法对初值选择较为敏感,若初值选择不当,可能会降低收敛速度或者导致滤波器发散。相比之下,粒子滤波器却有其独特的优势,由于粒子的散布性,很容易在一定的误差范围内快速捕获到真实的状态,从而提高跟踪系统的稳定性和收敛速度。但是传统的粒子滤波算法存在以下不足[218-220]:①粒子初始化选取上通常只是通过观测值估计目标初始状态,但在目标初始观测值不准确时会导致初始化粒子选取的不合理,致使滤波精度降低,甚至滤波发散;②重要性密度函数并没有考虑当前时刻的观测信息,导致后验概率密度函数确定性降低;③传统的重采样算法结果是将少数几个甚至只有一个粒子复制得到一个粒子集,从而丧失了粒子多样性。

有色噪声(或相关噪声)指的是噪声序列中每一时刻的噪声和另一时刻的噪声是相关的。通常目标的加速与时间有关,例如,目标缓慢转弯往往长达1min 的相关加速;目标在躲避式机动时的相关加速时间在 10 ~ 30s 之间;大气湍流引起的相关加速时间只有 1 ~ 2s。由于机动执行需要一定的时间,如果采样周期比较短,目标的机动不可能在一个采样周期内完成,因此,机动噪声是时间相关的。

本节进一步研究三维运动声阵列在非线性非高斯状态下的跟踪滤波算法。针对运动声阵列在有色噪声环境中的非线性滤波跟踪问题,提出了一种确定性核粒子群的粒子滤波算法(Deterministic Core Particle Swarm Particle Filter,DCPS – PF)。该算法在初始化确定性核粒子集、重要密度函数及后验概率密度函数以及核粒子集的更新上都有了相应的改进,不同程度上克服了上述不足。

克拉美罗下限(Cramér Rao Low Bound, CRLB)是不依赖于算法本身而能达到的理论误差下限,它表明了各种次优算法的优劣程度以及和最优算法的接近程度。目前,CRLB 的推导有:考虑或不考虑测量源不确定性的线性滤波器[221,222];过程噪声为零的非线性滤波器[223]。文献[224]给出了包含期望运算的针对叠加零均值高斯白噪声的非线性滤波 CRLB 的最终公式,但是目前还没有针对可叠加零均值有色噪声环境下的 CRLB 公式,因此,根据 DCPS – PF 算法及应用背景,本节推导了针对可叠加零均值有色噪声环境下的 CRLB 公式。最后与传统的粒子滤波算法相比,Matlab 仿真结果表明了本节算法的有效性和优越性。

5.3.1　有色噪声下运动声阵列跟踪系统动态模型

根据前文可知,在系统坐标系下,运动声阵列跟踪系统的状态方程为线性

方程,而观测方程为非线性方程,因此,运动声阵列跟踪系统在有色噪声环境中离散状态方程为

$$X(k+1) = F(k)X(k) + \xi_1(k) \tag{5.85}$$

式中: $X(k) \in \mathbf{R}^n$ 是 k 时刻目标相对于运动声阵列的相对状态向量; $F(k) \in \mathbf{R}^n$ 是状态转移矩阵; $\xi_1(k)$ 是系统状态有色噪声,且有 $\xi_1(k) = D_1(k)\xi_1(k-1) + W(k)$, $W(k) \in \mathbf{R}^n$ 是均值为零、协方差为 $\boldsymbol{Q}(k)$ 的白噪声,采用扩展状态变量的方法将有色动态系统噪声转化为白噪声来处理[225]。设 $X^a(k)$ 为扩维后状态变量,则有

$$X^a(k+1) = \begin{bmatrix} X(k+1) \\ \xi_1(k+1) \end{bmatrix} = \begin{bmatrix} F(k) & 1 \\ 0 & D_1(k) \end{bmatrix} \begin{bmatrix} X(k) \\ \xi_1(k) \end{bmatrix} + \begin{bmatrix} 0 \\ W(k) \end{bmatrix} \tag{5.86}$$

运动声阵列跟踪系统在有色噪声环境中观测方程为

$$Z(k+1) = h_k(X_{k+1}) + \xi_2(k+1) \tag{5.87}$$

式中: $h_k(X_{k+1}) = \begin{cases} \arctan(r_k/z_k), x_k > 0, y_k > 0, z_k > 0 \\ \arctan(r_k/z_k) + \pi/2, x_k > 0 \text{ 或 } y_k > 0, z_k > 0 \\ \arctan(r_k/z_k), x_k < 0, y_k < 0, z_k > 0 \end{cases}$ $r_k = \sqrt{x_k^2 + y_k^2}$; ξ_2

(k) 为零均值有色噪声,且有 $\zeta_2(k) = D_2(k)\xi_2(k-1) + V(k)$, $V(k) \in R^n$ 是均值为零、协方差为 $R(k)$ 的白噪声,则有

$$Z(k+1) = h(X(k)) + D_2(k)\xi_2(k-1) + w(k) \tag{5.88}$$

因此式(5.86)、式(5.88)构成了运动声阵列跟踪系统在有色噪声环境中的状态方程和观测方程,且由式(5.88)可知,运动声阵列跟踪系统的观测方程为非线性方程。

5.3.2　确定性核粒子群的粒子滤波算法(DCPS – PF)

本节提出的确定性核粒子群粒子滤波算法中的确定性主要体现在初始核粒子集的确定、后验概率密度函数的确定、粒子群及核粒子集更新的确定,其基本思想包括以下三方面内容:①初始化确定性核粒子集,利用初始粒子群的粒子权值信息融合确定初始核粒子集;②重要性密度函数,以当前时刻目标方位谱函数作为重要采样密度函数并在此基础上推导确定性后验概率密度函数;③粒子群及核粒子集的更新,根据方位——马尔可夫过渡核函数更新粒子群样本,利用样本内各粒子的权值信息更新核粒子集。

步骤 1:初始化确定性核粒子集。图 5.16 为核粒子集初始化定性示意图,设运动声阵列跟踪系统在第 k 时刻的观测值为 r_k, θ_k,观测误差分别为 $\sigma_r, \sigma_\theta, i^+$

为建立的粒子集个数,N 为粒子集内采样粒子数目,$r_1^{i^t}$,$\theta_1^{i^+}$ 分别为初始时刻粒子集 i 的观测值,并设初始观测值为 $Z_1 = (r_1, \theta_1)$,则有初始粒子集为

$$A_1^{i^+} = \left\{ A_1^{i^+} / A_1^{i^+} = \left(r_1^{i^+} - \frac{i\sigma_r}{N}, \theta_1^{i^+} - \frac{i\sigma_\theta}{N} \right) \right\} \tag{5.89}$$

式中:$i = \pm 1, \pm 2, \pm 3, \cdots, \pm n; i^+ = |i|$。

初始化粒子群:

$$B_1 = \{ A_1^1, A_1^2, \cdots, A_1^{i^+} \} \tag{5.90}$$

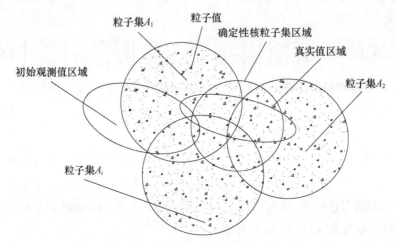

图 5.16　核粒子集初始化定性示意图

根据式(5.89)、式(5.90)可得初始化粒子群和粒子集。设 $\omega_k(A_k^{i^+}, j), j = 1, 2, \cdots, N$ 表示在 k 时刻粒子集 $A_k^{i^+}$ 内各个粒子的权值,则初始时刻粒子权值 $\omega_1(A_1^{t^+}, j)$ 并归一化后为

$$\omega_1(A_1^{j^+}, j) = \{ \alpha_1^j / N, \alpha_2^j / N, j = 1, 2, \cdots, N \} \tag{5.91}$$

式中:$\alpha_1^j = \left(\sum\limits_{j=1}^{N} \left(r_1^{i^+} - \frac{i\sigma_r}{j} \right) / r_1^{i^+} \right); \alpha_2^j = \left(\sum\limits_{j=1}^{N} \left(\theta_1^{i^+} - \frac{i\sigma_\theta}{j} \right) / \theta_1^{i^+} \right)$。

利用各个粒子集内粒子权值信息的差别融合初始确定性核粒子集 A_1,则有

$$A_1 = \left\{ \omega_1^+(A_1^{i^+}, j) / \omega_1^+(A_1^{i^+}, j) = \omega_1(A_1^{i^+}, j) > \frac{1}{N + i^+} \right\} \tag{5.92}$$

因此,式(5.89)~式(5.92)组成了初始粒子集、初始粒子群及初始确定性粒子集。

步骤 2:计算重要性密度函数及确定性后验概率密度函数。DCPS – PF 算

法的采样密度函数包含了当前时刻方位信息 θ_{k+1} 的重要性密度函数 $p(r_{k+1}\mid r_{1:k},\theta_{k+1}/Z_{k+1})$，由该函数推导出当前时刻确定性后验概率密度函数及粒子样本集 $\{r_{k+1}^{j},\theta_{k+1}^{j},i^{j}\}_{j=1}^{N}$，其中 i^{j} 表示 k 时刻粒子序列。根据递推贝叶斯估计方法可得

$$
\begin{aligned}
p(r_{k+1}\mid r_{1:k},\theta_{k+1},Z_{k+1}) &\propto p(Z_{k+1}/r_{k+1},r_{1:k}\theta_{k+1})\times p(r_{k+1}\mid r_{1:k},\theta_{k+1}/Z_{k})\\
&=p(Z_{k+1}/r_{k+1},r_{1:k})p(r_{k+1}/r_{1:k},\theta_{k+1})p(\theta_{k+1}/Z_{t})\\
&=p(Z_{k+1}/r_{k+1},r_{1:k})p(r_{k+1}/r_{1:k},\theta_{k+1})p(\theta_{k+1}/\theta_{k}^{i})\omega_{1}(A_{k}^{i^{+}},j)
\end{aligned}
\tag{5.93}
$$

则确定性后验概率密度函数可表示为

$$
\begin{aligned}
q(r_{k+1}\mid r_{0:k},\theta_{k+1},Z_{k+1}) &=p(Z_{k+1}/\mu_{k+1}^{i}(\theta_{k+1}))\times\\
&\quad p(r_{k+1}/r_{1:k},\theta_{k+1})\times p(\theta_{k+1}/\theta_{k}^{i})\omega_{1}(A_{k}^{i^{+}},j)
\end{aligned}
\tag{5.94}
$$

式中：$\omega_{1}(A_{k}^{i^{+}},j)$ 表示 k 时刻粒子集 $A_{k}^{i^{+}}$ 的粒子权值；μ_{k+1}^{i} 为给定 r_{k}^{i} 时 r_{k+1} 期望值，可表示为 $E(r_{k+1}/r_{k}^{i})$，对 r_{k+1} 边缘化可得

$$
q(r_{k+1}\mid r_{0:k}\theta_{k+1},Z_{k+1})=p(Z_{t+1}/\mu_{t+1}^{i}(\theta_{t+1}))\times p(\theta_{t+1}/\theta_{t}^{i})w_{t}^{i} \tag{5.95}
$$

因此，式(5.93)~式(5.95)组成了算法的重要性密度函数及确定性后验概率密度函数，根据上述式子计算重要性粒子权值。设 $k:=k+1$，采样为

$$
\{r_{k+1}^{j},\theta_{k+1}^{j},i^{j}\}_{j=1}^{N}\sim q(r_{k+1}\mid r_{1:k},\theta_{k+1},Z_{k+1}) \tag{5.96}
$$

计算重要权值为

$$
\omega_{k+1}(A_{k+1}^{i^{+}},j)=\omega_{k}(A_{k}^{i^{+}},j)\times\frac{p(z_{k+1}/r_{k+1}^{i})p(\theta_{k+1}/r_{k+1}^{i})p(r_{k+1}^{i}/r_{k}^{i})}{q(r_{k+1}^{i}\mid r_{1:k}^{i},\theta_{1:k},Z_{1k})} \tag{5.97}
$$

归一化重要性权值为

$$
\widetilde{\omega}_{k+1}(A_{k+1}^{i+},j)=\omega_{k+1}(A_{k+1}^{i+},j)/\sum_{j=1}^{N}\omega_{k+1}(A_{k+1}^{i+},j) \tag{5.98}
$$

粒子群为

$$
B_{k+1}=\{A_{k+1}^{1},A_{k+1}^{2},\cdots,A_{k+1}^{i^{+}}\} \tag{5.99}
$$

步骤 3：重采样，从粒子群 B_{k+1} 中根据重要性权值 $\widetilde{\omega}_{k+1}$ 重新采样得到新的粒子群集合 $\overline{B}_{k+1}$，并重新分配粒子权值。

步骤 4：粒子群及核粒子集的更新。为了防止重采样后产生粒子数退化的现象，在 $k+1$ 时刻利用方位——马尔可夫过渡核函数 $T(A_{k+1}^{i^{+}}/\overline{A}_{k+1}^{i^{+}})$ 更新粒子群样本，利用样本内各粒子的权值信息更新核粒子集，从而恢复粒子的多样性。核函数满足如下条件：

$$
\int_{\overline{A}_{k+1}^{i^{+}}}T(A_{k+1}^{i^{+}}/\overline{A}_{k+1}^{i^{+}})p(\overline{A}_{k+1}^{i^{+}}/\overline{A}_{1:k}^{i^{+}},r_{1:k},\theta_{1:k})\mathrm{d}\overline{A}_{k+1}^{i^{+}}=p(A_{k+1}^{i^{+}}/\overline{A}_{1:k}^{i^{+}},r_{1:k}\theta_{1:k})
$$

$$
\tag{5.100}
$$

因此,粒子集 A_{k+1}^{i+} 仍然近似服从分布 $p(\boldsymbol{r}_{k+1} \mid \boldsymbol{r}_{1:k},\boldsymbol{\theta}_{k+1},\boldsymbol{Z}_{k+1})$,参照文献 [226]引入符号定义:

$$\omega^*(X_{k+1}^{i+}) = \frac{N(Z_{k+1}^{i+} - h(X_{k+1}^{i+}),R)N(X_{k+1}^{i+} - F(\bar{X}_k^{i+}),Q)}{N(X_{k+1}^{i+} - m_{k+1}^{i+}, \sum_{k+1}^{i+})} \quad (5.101)$$

式中: $m_{k+1}^{i+} = (\sum_{k+1}^{i+})\{Q^{-1}F(X_k^{i+}) + (h_k^{i+})^{\mathrm{T}}R^{-1}[Z_{k+1}^{i+} - h(X_{k+1}^{i+}) + (h_k^{i+})^{\mathrm{T}}F(X_k^{i+})]\}$; $\sum_{k+1}^{i+} = [Q^{-1} + (h_k^{i+})^{\mathrm{T}}R^{-1}(h_k^{i+})]$。

因此,根据式(5.101),更新粒子群及核粒子集。

步骤5:输出状态估计及方差估计。

$$\hat{X}(k+1) = \sum_{j=1}^{N} \widetilde{\omega}_{k+1}(A_{k+1}^{i+},j)\bar{X}(k+1) \quad (5.102)$$

$$P(k+1) = \sum_{j=1}^{N} \widetilde{\omega}_{k+1}(A_{k+1}^{i+},j) \times (\hat{X}(k+1) - \bar{X}(k+1)) \times (\hat{X}(k+1) - \bar{X}(k+1))^{\mathrm{T}}$$

$$(5.103)$$

步骤6:判断跟踪是否结束,若结束则退出本算法,否则返回步骤2。

5.3.3 DCPS – PF 算法的 CRLB 推导

1. 确定性核粒子群粒子滤波 CRLB 的定义

克拉美罗下限(CRLB)用来确定最小方差无偏估计量的下限是最容易的,且非常的有效。考虑跟踪系统的状态方程与观测方程分别为式(5.86)、式(5.88),设 Z_k 代表一组在 k 时刻的观测数据,θ 为一个 r 维随机待估参数,$P_{Z,\theta}(Z,\theta)$ 为 (Z,θ) 的联合概率分布,则在 k 时刻的观测集即为 $Z_k = \{z_i\}_{i=1}^k$,$g(z)$ 为 Z 的函数,并作为对 θ 的估计,状态 X_k 的无偏估计为 $\hat{X}_{k/k}$,其协方差矩阵为 $\boldsymbol{P}_{k/k}$,$P(X_k,Z_k)$ 为 (X_k,Z_k) 的联合概率分布,则矩阵的下限记为 CRLB,它们满足:

$$\boldsymbol{P} \triangleq E\{[g(z) - \theta][g(z) - \theta]^{\mathrm{T}}\} \geqslant \boldsymbol{J}^{-1} \quad (5.104)$$

$$\boldsymbol{P}_{k/k} \triangleq E\{[\hat{X}_{k/k} - X_k][\hat{X}_{k/k} - X_k]^{\mathrm{T}}\} \geqslant \boldsymbol{J}_k^{-1} \quad (5.105)$$

式(5.104)为观测数据与待估参数误差的 CRLB,式(5.105)为状态值与状态估计误差的 CRLB,$\boldsymbol{J}$ 为信息矩阵。根据上述假设可得

$$\boldsymbol{J}_{i,j} = E\left[-\frac{\partial^2 \ln P_{Z,\theta}(Z,\theta)}{\partial\theta_i\partial\theta_j}\right],(i,j=1,2,\cdots,r),引入算子 \nabla_\theta = \left[\frac{\partial}{\partial\theta_1},\frac{\partial}{\partial\theta_2},\cdots,\frac{\partial}{\partial\theta_r}\right]^{\mathrm{T}},$$

则有

$$\Delta_{\varphi}^{\theta} = \nabla_{\varphi}\nabla_{\theta}^{\mathrm{T}} = \begin{bmatrix} \dfrac{\partial^2}{\partial\varphi_1\partial\theta_1} & \dfrac{\partial^2}{\partial\varphi_1\partial\theta_2} & \cdots & \dfrac{\partial^2}{\partial\varphi_1\partial\theta_r} \\ \vdots & \vdots & \ddots & \vdots \\ \dfrac{\partial^2}{\partial\varphi_k\partial\theta_1} & \dfrac{\partial^2}{\partial\varphi_k\partial\theta_2} & \cdots & \dfrac{\partial^2}{\partial\varphi_k\partial\theta_r} \end{bmatrix} \tag{5.106}$$

式(5.104)可化为

$$\boldsymbol{P} \triangleq E\{[g(z)-\theta][g(z)-\theta]^{\mathrm{T}}\} \geqslant E[-\Delta_{\theta}^{\theta}\ln P_{Z,\theta}(Z,\theta)]^{-1} \tag{5.107}$$

同理,式(5.105)可化为

$$\boldsymbol{P}_{k/k} \triangleq E\{[\hat{X}_{k/k}-X_k][\hat{X}_{k/k}-X_k]^{\mathrm{T}}\} \geqslant \{E\{[\nabla_{X_k}\ln P(X_k,Z_k)][\nabla_{X_k}\ln P(X_k,Z_k)]^{\mathrm{T}}\}\}^{-1}$$
$$\tag{5.108}$$

若将 θ 分为两个部分: $\theta = [\theta_\alpha, \theta_\beta]^{\mathrm{T}}$, 信息矩阵可表示为 $\boldsymbol{J} = \begin{pmatrix} J_{\alpha\alpha} & J_{\alpha\beta} \\ J_{\beta\alpha} & J_{\beta\beta} \end{pmatrix}$, 则有

$$\boldsymbol{P}_{\beta} = E\{[g_\beta(z)-\theta_\beta][g_\beta(z)-\theta_\beta]^{\mathrm{T}}\} \geqslant [J_{\beta\beta}-J_{\beta\alpha}\boldsymbol{J}^{-1}J_{\alpha\beta}]^{-1} \tag{5.109}$$

式中: $J_{\beta\beta}-J_{\beta\alpha}\boldsymbol{J}^{-1}J_{\alpha\beta}$ 为参数 θ_β 的信息子矩阵。

令 $X_k = (x_0, x_1, \cdots, x_k)$, $Z_k = (z_0, z_1, \cdots, z_k)$, $\theta_k = (\theta_1, \theta_2, \cdots, \theta_k)$, 将 $P(X_k, Z_k)$, $P_{Z,\theta}(Z,\theta)$ 简写为 P_k,

则有

$$P(Z_{k+1}, \theta_{k+1}) = P_k P(z_{k+1} \mid z_k) P(\theta_{k+1} \mid z_{k+1}) \tag{5.110}$$

$$P(X_{k+1}, Z_{k+1}) = P_k P(x_{k+1} \mid x_k) P(z_{k+1} \mid x_{k+1}) \tag{5.111}$$

从而有

$$-\ln P(Z_{k+1}, \theta_{k+1}) = -\ln(Z_k, \theta_k) - \ln P(z_{k+1} \mid z_k) - \ln P(\theta_{k+1} \mid z_{k+1})$$
$$\tag{5.112}$$

$$-\ln P(X_{k+1}, Z_{k+1}) = -\ln(X_k, Z_k) - \ln P(x_{k+1} \mid x_k) - \ln P(z_{k+1} \mid x_{k+1}) - \ln P(z_{k+1} \mid x_{k+1})$$
$$\tag{5.113}$$

将式(5.112)、式(5.113),代入式(5.110)、式(5.111)并简化可得

$$J_k = D_k^{22} - D_k^{21}[C_k + D_k^{11} - B_k^{\mathrm{T}}A_k^{-1}B_k]^{-1}D_k^{12} \tag{5.114}$$

$$J_{k+1} = D_k^{22} - (D_k^{12})^{\mathrm{T}}(J_k + D_k^{11})^{-1}D_k^{12} \tag{5.115}$$

式中: $D_k^{22} = E\{-\Delta_{x_k}^{x_k}\ln P_k\} + E\{-\Delta_{x_k}^{x_k}\ln P(x_{k+1} \mid x_k)\}$; $D_k^{11} = E\{-\Delta_{x_k}^{x_k}\ln P_k(x_{k+1} \mid x_k)\}$; $D_k^{12} = E\{-\Delta_{x_k}^{x_{k+1}}\ln P(x_{k+1} \mid x_k)\}$; $D_k^{21} = E\{-\Delta_{x_{k+1}}^{x_k}\ln P(x_{k+1} \mid x_k)\}$; $A_k = E\{-\Delta_{x_{k-1}}^{x_{k-1}}\ln P_k\}$; $B_k = E\{-\Delta_{x_{k-1}}^{x_k}\ln P_k\}$; $C_k = E\{-\Delta_{x_k}^{x_k}\ln P_k\}$。

因此,式(5.114)、式(5.115)为最终的信息子矩阵,组成了 CRLB 的递归

公式。

2. 可叠加零均值有色噪声的 DCPS – PF 算法 CRLB 推导

当噪声为可叠加零均值有色噪声时,运动声阵列跟踪系统动态模型式 (5.1)转化为

$$\begin{cases} X_{k+1} = f_k(X_k) + \xi_1(k) \\ Z_{k+1} = h_k(X_{k+1}) + \xi_2(k+1) \end{cases} \tag{5.116}$$

式中:$\xi_1(k) = D_1(k)\xi_1(k-1) + W(k)$;$\zeta_2(k) = D_2(k)\xi_2(k-1) + V(k)$;$\xi_1(k)$,$\xi_2(k)$ 为零均值有色噪声。从而式(5.116)可以化为

$$\begin{cases} X_{k+1} = f_k(X_k) + D_1(k)\xi_1(k-1) + W(k) \\ Z_{k+1} = h_k(X_{k+1}) + D_2(k+1)\xi_2(k) + V(k+1) \end{cases} \tag{5.117}$$

设 $W(k)$,$V(k+1)$ 的概率密度函数为 P_v,P_w,则有

$$\begin{cases} P(X_{k+1}/X_k) = P_v(X_{k+1} - f_k(X_k) - D_1(k)\xi_1(k-1)) \\ P(Z_{k+1}/X_{k+1}) = P_w(Z_{k+1} - h_{k+1}(X_{k+1}) - D_2(k+1)\xi_2(k)) \end{cases} \tag{5.118}$$

根据粒子滤波下系统的输出方差矩阵为 $\boldsymbol{P}_k$,由式(5.115)、式(5.118)可得

$$\nabla_{X_k} \cdot \ln[P(X_{k+1}/X_k)] = [\nabla_{X_k} f_k^{\mathrm{T}}(X_k)] \times P_k^{-1} \times [X_{k+1} - f_k(X_k) - D_1(k)\xi_1(k-1)] \tag{5.119}$$

$$D_k^{11} = E\{[\nabla_{X_k} f_k^{\mathrm{T}}(X_k) P_k^{-1} \times [X_{k+1} - f_k(X_k) - D_1(k)\xi(k-1)] \times$$
$$[X_{k+1} - f_k(X_k) - D_1(k)\xi_1(k-1)]^{\mathrm{T}} \times (P_k^{-1})^{\mathrm{T}}[\nabla_{X_k} f_k^{\mathrm{T}}(X_k)]^{\mathrm{T}}\} = E(\tilde{F}_k^{\mathrm{T}} P_k^{-1} \tilde{F}_k) \tag{5.120}$$

$$D_k^{12} = -E[\tilde{F}_k^{\mathrm{T}}] P_k^{-1}, D_k^{22} = P_k^{-1} + E[\tilde{H}_{k+1}^{\mathrm{T}} P_k^{-1} \tilde{H}_{k+1}]$$

$$\tilde{F}_k^{\mathrm{T}} = \{\nabla_{X_k}[f_k(X_k) + D_1(k)\xi_1(k-1)]\}^{\mathrm{T}}$$

$$\tilde{H}_{k+1}^{\mathrm{T}} = \{\nabla_{X_{k+1}}[h_{k+1}(X_{k+1}) + D_2(k+1)\xi_2(k)]\}^{\mathrm{T}} \tag{5.121}$$

将粒子代入式(5.120)、式(5.121),可得

$$D_k^{11} = E(\tilde{F}_k^{\mathrm{T}} P_k^{-1} \tilde{F}_k) = \sum_{i=1}^{N} \omega_k^i \{\{\nabla_{X_k}[f_k(X_k) + D_1(k)\xi_1(k-1)]\}^{\mathrm{T}}$$
$$\times P_k^{-1}\{\nabla_{X_k}\{\nabla_{X_k}[f_k(X_k) + D_1(k)\xi_1(k-1)]\}\}\} \tag{5.122}$$

$$D_k^{12} = -E[\tilde{F}_k^{\mathrm{T}}] P_k^{-1} = -\sum_{i=1}^{N} \omega_k^i \{\{\nabla_{X_k}[f_k(X_k) + D_1(k)\xi_1(k-1)]\}^{\mathrm{T}} P_k^{-1}\} \tag{5.123}$$

目标状态下一时刻预测的概率密度函数可由加权粒子集合 $\{X_{k+1}^i, \omega_k^i\}_{i=1}^{N}$ 近似表示,其中 $X_{k+1} = X_{k+1/k}^i = f_k(X_k^i)$,因此有

$$D_k^{22} = P_k^{-1} + E[\tilde{H}_{k+1}^{T} P_k^{-1} \tilde{H}_{k+1}] = P_k^{-1} + \sum_{i=1}^{N} \omega_k^i \{\{\nabla_{X_{k+1}}[h_{k+1}(X_{k+1}) + D_2(k+1)\xi_2(k)]^{T}\}$$

$$\times P_k^{-1}\{\nabla_{X_{k+1}}[h_{k+1}(X_{k+1}) + D_2(k+1)\xi_2(k)]\}\} \quad (5.124)$$

将式(5.12)~式(5.124)代入式(5.115),并取 $J_0 = P_0^{-1}$ 就可计算出确定性核粒子群粒子滤波算法的 CRLB。

5.3.4　仿真及结果分析

为了验证 DCPS – PF 算法的有效性,在运动声阵列跟踪系统坐标系下,假设初始时刻跟踪系统的状态为 $X = [200,500,15,25]$,过程噪声方差为 $10\mathrm{m/s^2}$,测量模型中方位角的测量误差为 0.1m/rad,采样周期为 1s,重采样周期为 2s,初始协方差矩阵为 $\mathrm{diag}(10^{-4}x[4,1,0.25,4,1,0.25])$,$D_1 =$ 0.04,$D_2 = 0.8$,初始粒子数目 $N = 1000$,初始粒子集数 $i^+ = 10$,目标运动时间为 100s,分别做下列运动:1~20s 做匀速运动;21~40s 分别在 x,y 方向做加速度为 $3\mathrm{m/s^2}$ 和 $-3\mathrm{m/s^2}$ 的弱加速运动;41~60s 做匀速转弯运动,转弯角速度 5°/s;61~80s 分别在 x,y 方向做加速度为 $10\mathrm{m/s^2}$ 和 $-10\mathrm{m/s^2}$ 的强加速运动;81~100s 做匀速运动。分别采用传统的粒子滤波算法(PF 算法)和 DCPS – PF 算法进行 100 次蒙特卡罗仿真试验,仿真试验结果如表 5.4 及图 5.17~图 5.20 所示。

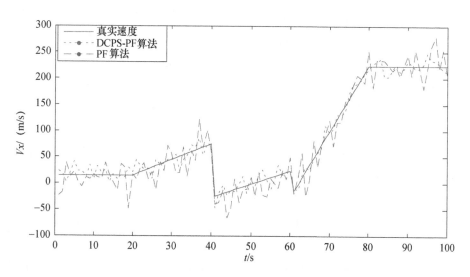

图 5.17　x 轴速度估计与真实速度对比

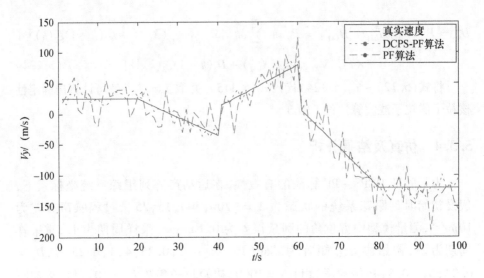

图 5.18　y 轴速度估计与真实速度对比

由图 5.17、图 5.18 可知,在 x,y 方向速度估计中,无论在机动发生时刻还是在目标运动状态稳定时间段内,DCPS – PF 算法估计精度明显高于 PF 滤波算法,这主要是因为:①PF 滤波算法在粒子初始化选取上通常只是通过观测值估计目标初始状态,而 DCPS – PF 算法利用初始粒子群的粒子权值信号融合确定了初始核粒子集,降低了粒子初始化误差。②PF 滤波算法在重要性密度函数计算中并没有考虑当前时刻的观测信号,导致后验概率密度函数确定性降低,而 DCPS – PF 算法以当前时刻目标方位谱函数作为重要采样密度函数,充分考虑了声阵列当前时刻对目标的观测信号。③PF 滤波算法在粒子更新上丢失了粒子多样性,而 DCPS – PF 算法利用样本内各粒子的权值信号更新核粒子集,从而保留了原始的多样性。

又根据图 5.19、图 5.20 及表 5.4 可知,在相同的仿真条件下, DCPS – PF 算法在 x,y 轴位置均值标准差分别为 6.74m、10.19m,传统的粒子滤波算法在 x,y 轴位置均值标准差分别为 13.61m、25.29m,DCPS – PF 算法的相对精度分别提高了 50.48% 、60.69% ;在 x,y 方向的均值方差方面,DCPS – PF 算法分别提高了 51.53% 、35.71% ,从而证实了算法在精度及稳定性等方面上有了很大的提高。然而,在 DCPS – PF 算法的仿真过程中发现,由于 DCPS – PF 算法增加了对粒子初始群的确定及利用方位——马尔可夫过渡核函数来更新粒子群及核粒子集,因此,与传统的粒子滤波算法相比,DCPS – PF 算法在计算量上有所增加,提高了 15.38% 。然而粒子滤波算法具有较好的并行处理能力,为了达到实时处理跟踪的目的,在工程应用上可以采用并行处理和多分辨率处理的方式来提高计算效率。

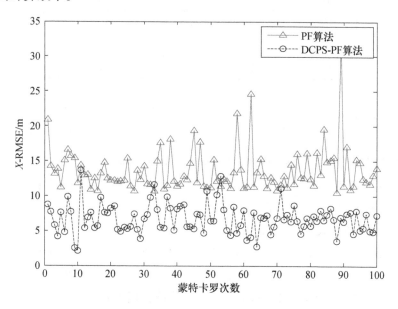

图 5.19　x 轴位置均方根误差

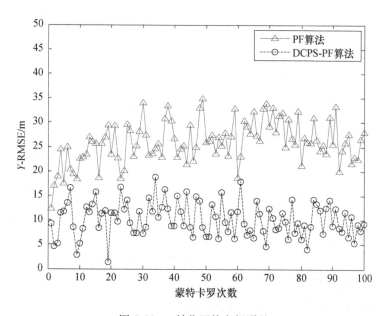

图 5.20　y 轴位置均方根误差

141

表5.4 100次蒙特卡罗仿真数据统计

算法	$E-x$RMS/m	$E-y$RMS/m	$\sigma_{x\text{RMS}}$/m	$\sigma_{Y\text{RMS}}$/m	计算时间/(s/次)
粒子滤波算法	13.61	25.92	4.25	5.35	0.774
DCPS - PF算法	6.74	10.19	2.06	3.44	0.893
相对精度/%	50.48	60.69	51.53	35.71	15.38

5.4 小结

本章以三维运动声阵列跟踪系统的动态模型为基础,分别从高斯线性、高斯非线性、非高斯非线性三个方面研究了三维运动声阵列对二维声目标的跟踪滤波与预测算法,主要得到了以下几个研究结论:

(1)针对高斯线性跟踪系统,提出了基于多尺度贯序式卡尔曼滤波的运动声阵列跟踪算法(MSBKF)。该算法将运动声阵列跟踪系统的动态模型转化为块的形式,利用小波变换把状态块分解到不同尺度上,并在时域和频率上建立测量与相应尺度上状态的关系,采取卡尔曼滤波器递推思想来实现运动声阵列的多尺度贯序式卡尔曼滤波算法,根据最小二乘误差估计理论推导了运动声阵列跟踪系统在球坐标系和笛卡儿坐标系下的误差公式,为提高系统跟踪精度奠定了理论基础,并为工程应用提供了实际方法。Matlab仿真结果表明MSBKF算法在精度及稳定性方面都高于传统的卡尔曼滤波算法,并且证实了MSBKF算法的递归性,然而MSBKF算法在跟踪过程中存在滞后,特别是在大机动状态下,可能造成滤波精度的降低,甚至出现滤波发散现象。基于上述缺点,提出了运动阵列对声目标CACEMD - VDAKF跟踪算法,Matlab仿真结果表明在线性、高斯跟踪系统下,针对机动声目标的跟踪,CACEMD - VDAKF算法适时性更强。

(2)针对高斯非线性跟踪系统,提出了运动声阵列自适应交互多模型无迹粒子滤波(AIMMUPF - MR)。该算法通过无迹变换构造初始粒子概率分布函数,利用测量残差及自适应因子实时修正测量协方差和状态协方差,同时也增加了滤波增益的自适应调节能力及后验概率密度函数的实时性,从而有效地解决了在高斯非线性状态下目标跟踪机动过程中系统模型与机动目标实际状态模型不匹配的问题。在相同的仿真条件下,Matlab仿真数据统计表明AIMMUPF - MR算法在x、y轴位置均值标准差分别为7.25m、14.27m,相对于EKF滤波算法、IMM - UPF算法来说,分别提高了60.77%、43.32%、59.36%、51.28%。在x,y方向的均值方差方面,AIMMUPF - MR算法分别提高了

62.73%、49.23%、45.31%、26.65%，证实了 AIMMUPF – MR 算法在滤波精度及稳定性上有了很大的提高，但是 AIMMUPF – MR 算法在计算量上有所增加。为了达到实时处理机动跟踪的目的，在工程应用上可以采用并行处理和多分辨率处理的方式来提高计算效率。

（3）针对非高斯非线性跟踪系统，提出了确定性核粒子群粒子滤波跟踪算法（DCPS – PF）。该算法利用初始粒子群的粒子权值信息融合确定初始核粒子集，以当前时刻声目标方位谱函数作为重要采样密度函数并推导确定性后验概率密度函数，根据方位——马尔可夫过渡核函数更新粒子群样本，利用样本内各粒子的权值信息更新核粒子集。根据 DCPS – PF 算法及应用背景，推导了针对可叠加零均值有色噪声环境下的 CRLB。在相同的仿真条件下，Matlab 仿真结果表明 DCPS – PF 算法在 x、y 轴位置均值标准差分别为 6.74m、10.19m，传统的粒子滤波算法在 x、y 轴位置均值标准差分别为 13.61m、25.29m，DCPS – PF 算法的相对精度分别提高了 50.48%、60.69%；在 x，y 方向的均值方差方面，DCPS – PF 算法分别提高了 51.53%、35.71%，证实了算法在精度及稳定性等方面上有了很大的提高，但是 DCPS – PF 算法在计算量上有所增加，提高了 15.38%。

第6章　二维有限机动目标的跟踪

本章主要研究 BAT 子弹药在稳态飞行过程中对目标进行角跟踪问题,即三维运动声阵列对二维运动目标定向及角跟踪问题。其中,角跟踪是指仅仅利用声阵列估计的目标角度信号序列对地面目标距离进行估计,从而获得完整的目标方位信号,并在此基础上进一步估计目标运动状态,以提高跟踪精度。研究多尺度贯序卡尔曼滤波算法在被动角跟踪中的应用,利用其多尺度分析能力和实时递推算法来提高跟踪精度。通过理论分析和有效的仿真方法来研究 BAT 对目标跟踪的充分条件及对定向精度的要求,为发展角跟踪理论和设计 BAT 探测、跟踪系统奠定基础。

6.1　角跟踪问题描述

由于无源测量不包含目标的距离信息,对于单站无源定位系统,仅利用无源测量数据估算目标的位置、速度等状态,这就是单站无源定位的目标运动分析(Target Motion Analysis,TMA)问题。目标运动分析是单站无源定位与跟踪的一个重要问题,它包括可观测性分析、目标状态估计算法和观测器运动轨迹优化3个方面的内容。可观测性分析是单观测器无源定位首先要研究的问题,只有当目标状态是完全可观测的,定位和跟踪问题才能有可靠的、唯一的解。

单站只测角无源定位(Bearing – Only Tracking,BOT)问题是最基本的无源定位问题,单站无源定位的可观测性问题是非线性系统的可观测性问题,具体的讨论和分析要以深奥的李代数为数学工具。为了避免使用复杂的数学方法,对于无源定位的可观测性分析,工程界提出了很多不同的方法,国防科技大学电子科学与工程学院的邓新蒲将这些可观测性分析方法归纳为几何方法、代数方程方法和线性系统方法3类。对于固定目标,只要观测器不沿视线(LOS)方向运动,目标总是可观测的,这本质上就是多点测向交叉定位。对于匀速运动目标的二维和三维 BOT 可观测性研究开始于 20 世纪 70 年代,并推广到了多项式运动模型机动目标及一阶时间相关模型机动目标。

6.1.1 BOT 可观测性的几何分析法

利用几何分析法可以直观地分析出,在等时间间隔测量下,观测器以匀速直线运动对同样运动状态的目标测量,获得的测量角只有 3 个到达角是独立的,理论上只能提供 3 个独立的方程,而二维匀速运动目标有 4 个参数(两个位置参数、两个速度参数),因此得出一个很基本的结论:

匀速观测对匀速目标是不可观测的。

观测器机动是对匀速目标可观测的必要条件,而不是充分条件。

因此,二维运动平台对匀速直线运动目标的角跟踪只需要 1 次转折和 4 个独立的到达角测量就可以确定其与观测器之间的距离。

几何分析法具有简单直观的特点,但是不适合处理高阶运动情况和得出一般性结论,对于更高阶的运动情况显然几何方法不适用,需要用另外两种方法。

6.1.2 BOT 可观测性的代数方程分析法

Fogel E, Gavish M, Becker K 以代数方程解的唯一性作为可观测准则进行了 BOT 可观测性分析,并将目标运动形式推广到时间的 N 阶多项式运动模型,所采用的方法形式上非常简便,可概述为:当目标的运动方程为时间的 N 阶多项式,则 BOT 问题可观测的必要条件是观测器做更高阶次的机动。

Fogel E, Gavish M 还给出了在无观测角误差的前提下 BOT 问题可观测的充要条件,本书考虑 BAT 是在误差条件下对目标的定位与跟踪,因此不再详细讨论该问题。但值得指出的是,在无误差条件下成立的充要条件在有误差前提下则不一定成立。

6.1.3 BOT 可观测性的线性系统分析法

代数方法分析虽然有利于处理高阶机动问题,但是不够直观。国内外一些学者提出和发展了线性系统分析法,其使用的模型同滤波算法相同,为该领域的研究者所熟知,而且适用于更广泛的单站无源定位问题,有利于推导出更适用的结论,因而得到广泛应用。

6.1.4 线性系统可观测性理论

1. 线性连续时间系统的可观测性定理

取系统的状态变量(包括位置、速度等分量)$x(t) \overset{\text{def}}{=} x_T(t) - x_{ab}(t)$,即是

目标状态变量与观测器状态变量的差。系统的状态随时间的变化规律称为状态模型或状态方程,一般用线性微分方程来表示:

$$\dot{x}(t) = A(t)x(t) + B(t)u(t) + F(t)w(t) \qquad (6.1)$$

式中:$u(t)$为对应观测器的机动;$w(t)$为系统内噪声;$F(t)$为平台干扰矩阵。

式(6.1)不仅适用于描述匀速目标,还适用于描述N阶多项式模型运动目标和具有更复杂运动形式的目标。

对于 BAT 声阵列跟踪问题,目标的状态变量不能直接获得,测量量是角度序列。运动声阵列跟踪的任务首先是根据角度序列和弹体运动参数估计出目标相对弹体的运动状态变量,然后实现对目标的跟踪,系统的测量量与状态变量的关系式称为测量方程。针对该问题,采用线性的状态式(6.1),则测量方程一定是非线性的。为了使用线性系统可观测性分析理论,需要将非线性测量方程转化为伪线性测量方程,该转换方法较基本,本书不再加以叙述。

将观测系统用下述观测方程来表示:

$$z(t) = C(t)x(t) + y(t) + v(t) \qquad (6.2)$$

式中:$z(t)$为对目标运动状态的观测值;$C(t)$为观测矩阵;$y(t)$为观测系统的系统误差(已知的非随机序列);$v(t)$为观测噪声向量。

初始条件为$x(t) = x_0$,若利用常微分方程基本理论可解式(6.1)得

$$x(t) = \Phi(t,t_0)x(t_0) + \int_0^t \Phi(t,\tau)B(\tau)u(\tau)\mathrm{d}\tau + \int_0^t \Phi(t,\tau)F(\tau)w(\tau)\mathrm{d}\tau$$

$$(6.3)$$

式中:$\Phi(t,\tau)$为微分方程$\partial\Phi(t,\tau)/\partial t = A(t)\Phi(t,\tau)$,$\Phi(t,\tau) = I$的解。当前针对 BOT 问题的研究通常不考虑系统及观测器的噪声影响,结合式(6.2)和式(6.3)得

$$C(t)\Phi(t,t_0)x(t_0) = z(t) - C(t)\int_0^t \Phi(t,\tau)B(\tau)u(\tau)\mathrm{d}\tau \qquad (6.4)$$

因此,由式(6.1)和式(6.2)描述的系统在时间$[t,t_f]$上可观测性问题就是式(6.4)在时间$[t,t_f]$上关于$x(t_0)$的解的唯一性问题。

将式(6.4)两端左乘$\Phi^T(t,t_0)C^T(t)$,然后积分,得

$$\left\{\int_{t_0}^{t_f} \Phi^T(t,t_0)C^T(t)C(t)\Phi(t,t_0)\mathrm{d}t\right\}x(t_0)$$

$$= \int_{t_0}^{t_f}\left\{\Phi^T(t,t_0)C^T(t)\left[z(t) - C(t)\int_0^t \Phi(t,\tau)B(\tau)u(\tau)\mathrm{d}\tau\right]\right\}\mathrm{d}t \qquad (6.5)$$

式(6.5)关于$x(t_0)$有唯一解的充分必要条件是矩阵$\int_{t_0}^{t_f} \Phi^T(t,t_0)C^T(t)C(t)\Phi(t,$

$t_0) \mathrm{d}t$ 可逆,由此得到如下定理。

可观测性定理 1A:线性系统式(6.1)和式(6.2)在时间$[t_0, t_f]$上可观测的

充分必要条件是 Gram 矩阵 $\int_{t_0}^{t_f} \boldsymbol{\Phi}^T(t, t_0) \boldsymbol{C}^T(t) \boldsymbol{C}(t\pi) \boldsymbol{\Phi}(t, t_0) \mathrm{d}t$ 可逆。

Gram 矩阵可逆等价于矩阵 $\boldsymbol{C}(t)\boldsymbol{\Phi}(t, t_0)$ 的列向量线性无关,因而有如下等价定理。

可观测性定理 1B:线性系统式(6.1)和式(6.2)在时间$[t_0, t_f]$上可观测的充分必要条件是,对于任意的非零向量 $\boldsymbol{\xi}$,存在 $t \in [t_0, t_f]$,满足 $\boldsymbol{C}(t)\boldsymbol{\Phi}(t, \tau)\boldsymbol{\xi} \neq 0$。

由于 BOT 可观测性问题复杂,研究方法不一,研究者提出了多个可观测性定理,但上述两个定理相对适用面较广且被广泛接受和认可。至于其他等价定理因与以上两定理类似,且不够直观,本书不再详细分析研究。

2. 线性离散时间系统的可观测性定理

当系统的测量量是离散的,测量方程是离散的时,系统的连续状态方程和离散的伪线性测量方程为

$$\begin{cases} \dot{x}(t) = A(t)x(t) + B(t)u(t) \\ z(t_i) = C(t)x(t_i) \end{cases} \tag{6.6}$$

线性离散时间系统可观测性定理 1:线性系统式(6.6)在时间$[t_0, t_M]$上积累$(M+1)$个测量,其可观测的充分必要条件是 Gram 矩阵 $\int_{t_0}^{t_f} \boldsymbol{\Phi}^T(t, t_0) \boldsymbol{C}^T(t) \boldsymbol{C}(t\pi) \boldsymbol{\Phi}(t, t_0) \mathrm{d}t$ 可逆。

当 $A(t)$ 为常值矩阵时,将式(6.6)写成离散形式:

$$\begin{cases} \boldsymbol{x}(k+1) = \boldsymbol{F}x(k) + \boldsymbol{G}_k u(k) \\ z(k) = \boldsymbol{C}_k x(k), k = 0, 1, \cdots, M \end{cases} \tag{6.7}$$

线性离散时间系统可观测性定理 2:系统式(6.7)可观测的充分必要条件是$(C_0 C_1 F \cdots C_M F^M)^T$ 的列向量线性无关。

以上现有的 BOT 可观测性理论分析都是基于角测量无误差条件的,并且对于处理高阶机动问题很不直观,受 BOT 可观测性分析启发,本节针对 BAT 声阵列角跟踪问题,研究一种实用的、仅利用角度序列信息并且角信息存在误差的跟踪方法。在研究该方法前首先给出针对 BAT 攻击目标的运动简化模型。

6.2　BAT 目标运动简化模型

本节重点考虑运动声阵列仅有角度信息的条件下对地面运动目标的可观

测性及跟踪方法。根据地面目标运动较慢的特点,认为目标在短时间内(短时间指的是几秒到数十秒,即 BAT 发现目标至打击目标所用时间)运动轨迹是分段光滑的并且曲率较小,可以分段近似成直线,在这样短的时间内将目标运动轨迹划分为多条直线是有实际意义的。如图 6.1 所示,取等时间间隔,将目标分段简化为直线,在短时间内不会引起较严重的误差。因为目标运动速度快时转向能力就会变差,如 OAB 段,而运动轨迹不光滑的点如 C 点,出现这样运动轨迹时目标速度必定很慢,在等时间内,运动距离有限,同样可以简化为直线运动。

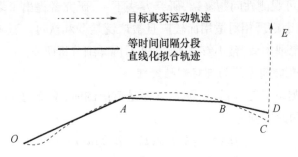

图 6.1 地面目标运动轨迹简化示例

　　本章的跟踪是在运动轨迹是直线前提下的角跟踪,否则在仅有角度信息条件下的跟踪是信息不完全的跟踪,很难实现对距离的估计。因此,在直线运动的前提下,可以将地面目标分为静止状态、匀速运动、匀加速运动、变加速运动几种典型的形式,或这几种典型形式的组合。事实上,大多数情况下目标都可以看做静止状态或匀速直线运动状态,而加速度可以看做速度的更高阶误差。但是,为了讨论更一般的三维运动平台对二维机动目标的跟踪,本节也研究匀加速运动和变加速度运动情况,以便形成适用范围更广、更一般化理论并为优化跟踪奠定基础。

6.3 BAT 子弹药跟踪算法

6.3.1 对静止目标或相对速度较慢的目标跟踪算法

1. 对静止目标跟踪问题描述

　　针对运动速度相对弹体水平方向运动速度较慢的地面目标,可以认为目标是静止的,这类目标可以采用三角定位法,如图 6.2 所示。声阵列不断地接收目标信号，每隔一段时间就给出一次探测结果，每两次探测之间弹体飞行轨迹如图 6.2 中 O_iO_{i+1} 之间的虚线所示，在已知 $\overline{O_iO_{i+1}}$ 距离情况，再加上两次精确的角度定位，理论上就能通过解 $\Delta O_iO_{i+1}P$ 计算出目标的距离。事实上，由于定向误差的存在使得两条方向线并不一定相交，可以通过计算两条异面直线的公垂线的中点，并且将多个计算点进行数据融合，得出较精确的目标距离信息。

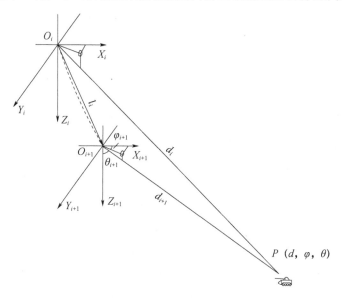

图 6.2　动阵列定位算法示意图

2. 对静止目标跟踪问题建模及求解

设第 i 次探测到目标的方位信息为 (x_i, y_i, z_i)，极坐标形式 $(d_i, \varphi_i, \theta_i)$，则

$$\begin{cases} x_i = u_i d_i \\ y_i = v_i d_i \\ z_i = w_i d_i \end{cases}, \quad \begin{cases} u_i = \sin\theta_i \cos\varphi_i \\ v_i = \sin\theta_i \sin\varphi_i \\ w_i = \cos\theta_i \end{cases}$$

设 $\overrightarrow{O_iO_{i+1}}$ 在 $O_iX_iY_iZ_i$ 坐标系下坐标为 (l_{ix}, l_{iy}, l_{iz})，且 $|O_iO_{i+1}| = l_i$，$\overrightarrow{O_{i+1}O_i}$ 在 $O_{i+1}X_{i+1}Y_{i+1}Z_{i+1}$ 坐标系下坐标为 $(l_{(i+1)x}, l_{(i+1)y}, l_{(i+1)z}) = (-l_{ix}, -l_{iy}, -l_{iz})$，$\angle PO_iO_{i+1} = \alpha_i$，$\angle O_iO_{i+1}P = \beta_i$，$\angle O_iP O_{i+1} = \gamma_i$，则有

$$\begin{cases} x_i = x_{i+1} + l_{ix} \\ y_i = y_{i+1} + l_{iy} \\ z_i = z_{i+1} + l_{iz} \end{cases}$$

由于声探测误差的存在，O_iP 与 $O_{i+1}P$ 并不容易交于一点，可取两异面直线

公垂线中点作为目标的位置[116]，设两异面直线最短距离为 $\sqrt{d_{pi}}$，则

$$d_{pi} = (u_{i+1}d_{i+1} + l_{ix} - u_i d_i)^2 + (v_{i+1}d_{i+1} + l_{iy} - v_i d_i)^2 + (w_{i+1}d_{i+1} + l_{iz} - w_i d_i)^2$$

$$\begin{aligned}
\frac{\partial d_{pi}}{\partial d_i} &= 2\big[\,(u_{i+1}d_{i+1} + l_{ix} - u_i d_i)(-u_i) + (v_{i+1}d_{i+1} + l_{iy} - v_i d_i)(-v_i) \\
&\quad + (w_{i+1}d_{i+1} + l_{iz} - w_i d_i)(-w)\,\big] \\
&= 2\big[\,(u_i^2 + v_i^2 + w_i^2)d_i - (u_i u_{i+1} + v_i v_{i+1} + w_i w_{i+1})d_{i+1} - (u_i l_{ix} + v_i l_{iy} + w_i l_{iz})\,\big] \\
&= 2\big[\,d_i - \cos(\vec{d_i}^{\wedge}\vec{d_{i+1}})d_{i+1} - \cos(\vec{d_i}^{\wedge}\overrightarrow{O_iO_{i+1}})l_i\,\big]
\end{aligned}$$

$$\begin{aligned}
\frac{\partial d_{pi}}{\partial d_{i+1}} &= 2\big[\,(u_{i+1}d_{i+1} + l_{ix} - u_i d_i)u_{i+1} + (v_{i+1}d_{i+1} + l_{iy} - v_i d_i)v_{i+1} + (w_{i+1}d_{i+1} + l_{iz} - w_i d_i)w_{i+1}\,\big] \\
&= 2\big[\,(u_{i+1}^2 + v_{i+1}^2 + w_{i+1}^2)d_{i+1} - (u_i u_{i+1} + v_i v_{i+1} + w_i w_{i+1})d_i + (u_{i+1}l_{ix} + v_{i+1}l_{iy} + w_{i+1}l_{iz})\,\big] \\
&= 2\big[\,d_{i+1} - \cos(\vec{d_i}^{\wedge},\overrightarrow{d_{i+1}})d_i - \cos(\overrightarrow{d_{i+1}}^{\wedge},\overrightarrow{O_{i+1}O_i})l_i\,\big]
\end{aligned}$$

很容易证明：当 $\dfrac{\partial d_{pi}}{\partial d_i} = \dfrac{\partial d_{pi}}{\partial d_{i+1}} = 0$ 时，d_{pi} 可以取到最小值，因此有

$$\begin{cases} d_i - d_{i+1}\cos\gamma_i - l_i\cos\alpha_i = 0 \\ d_{i+1} - d_i\cos\gamma_i - l_i\cos\beta_i = 0 \end{cases} \tag{6.8}$$

$$\begin{cases} d_i = \dfrac{\cos\beta_i\cos\gamma_i + \cos\alpha_i}{1 - \cos^2\gamma_i}l_i \\[2mm] d_{i+1} = \dfrac{\cos\alpha_i\cos\gamma_i + \cos\beta_i}{1 - \cos^2\gamma_i}l_i \end{cases} \tag{6.9}$$

该式有解的条件是 $\gamma_i \notin (-\sigma_{\gamma i}, \sigma_{\gamma i})$，$\sigma_{\gamma i}$ 为 γ_i 的标准差。

经以上分析可得出结论：三维运动声阵列在仅有角度信息条件下对静止或运动速度相对弹体运动较慢的目标只要两次测量点和目标不在同一条直线上就可以确定目标方位。

由此可以看出连续两次角度测量都可以计算出两个距离值，这样连续的多次测量可获得多个距离值，可以进行数据融合，更能精确地给出目标方位。如果目标运动较快，可选择三组或五组数据进行融合，并不断地更新融合数组，以获得更好的结果。

3. 对静止目标跟踪仿真研究

为了检验可动声阵列的定位效果，进行了仿真研究，通过仿真可以直观地看出该算法定距能力。由于弹载声阵列是从高空向下滑落，在滑落的过程中靠尾翼来调整弹体姿态和改变航向，这就决定了弹载阵列的竖直方向速度加大，水平方向速度相对较小。为了不断靠近目标，在探测过程中必须使 α 和 γ 不断

减小,并且 α 在 30°以内,若 α 超过 30°,即使探测到目标也很难命中,因为无动力智能子弹药水平方向滑行距离有限,γ 一般小于 10°,超过 10°说明采样点太少,目标移动距离较远,这时还将目标近似看做短距离移动则会引起较大误差。基于以上分析,并根据声阵列探测角度精度,模拟角度误差,给理论探测角度值加上一个正态分布的误差,σ_α 和 σ_β 服从 $N(0,0.8)$ 分布,σ_γ 服从 $N(0,1.5)$ 分布,模拟弹体滑落的过程,α 按非线性从 30°递减到接近 0°,β 从 145°递增到接近 180°,当 β 接近 180°时不能定距,这时弹体位于目标正上方,不需要定距,直接向下滑落就能击中目标。从图 6.3 可以看出,初始时刻定距误差很大,算法不够稳定,这时目标距离较远,这是由被动声定位的本质决定的,但随着弹体的下落与目标距离越来越近,探测的数据越来越多,该算法开始收敛,与理论值越来越接近。但是有些数据仍然误差很大,这是由角度测量存在跳变决定的。因此,对测得的距离可以进行实时处理,充分利用已测得的数据,因为目标实际距离不存在跳变,可以实时剔除跳动较大的值并预测目标的轨迹。在图 6.4 中,对测得的数据进行了中值递推滤波,即将测得的 5 个点排序,去掉最大值和最小值,其余的值取平均,作为过去中点时刻的目标距离,这时的探测值滞后实际时间 3 个计算点。该方法可更精确地估计出过去的目标距离,并通过较精确的稍滞后的多个距离序列预测当前和未来时刻目标距离,这是可行的。通过图 6.4 可以看出,该方法有效地提高了对目标距离的估计。

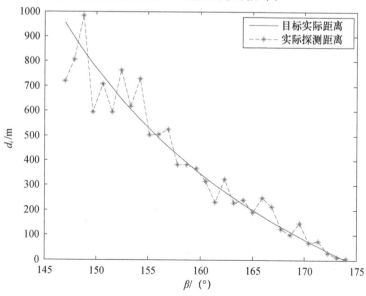

图 6.3　探测距离与真值对比

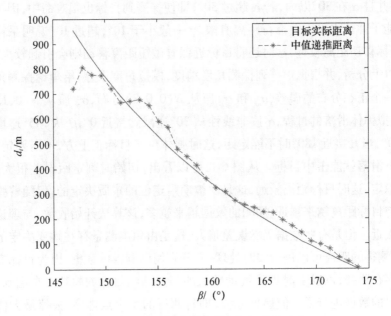

图6.4 中值递推处理后的距离与真值对比

6.3.2 对匀速运动目标的跟踪

如图6.5所示，设每隔 T 时间给出一次目标方向信息，用 $X_s(k) = (x_s(k), y_s(k), z_s(k))^T$，$X_p(k) = (x_p(k), y_p(k), z_p(k))^T$ 来表示第 kT 时刻弹体坐标和目标坐标，$\dot{X}_s$、$\alpha_v(k)$、$\beta_v(k)$ 为 kT 到 $(k+1)T$ 时刻弹体速度、弹体速度方位角、弹体速度俯角，α_T 为目标航向角，v_p 为目标速度，$\alpha_p(k)$、$\beta_p(k)$ 为 kT 时刻探测到的目标方位角和俯角。根据图6.5的几何关系可得

$$\begin{cases} y_s^g(k) = y_s^g(k-1) - (\dot{y}_s^g(k-1) + 0.5(\ddot{y}_s^g T))T \\ x_p^d(k) = y_s^g(k)\tan\beta_p(k)\cos\alpha_p(k) \\ z_p^d(k) = y_s^g(k)\tan\beta_p(k)\sin\alpha_p(k) \\ X_p^g = X_s^g + X_p^d \\ X_p^g(k) + X_p^g(k-2) - 2X_p^g(k-1) = 0 \end{cases} \tag{6.10}$$

$$\begin{cases} X_p^g(k-1) + \dot{X}_p^g T = X_p^g(k) \\ X_p^g(k) - X_p^g(k-1) = \dot{X}_p^g \end{cases} \tag{6.11}$$

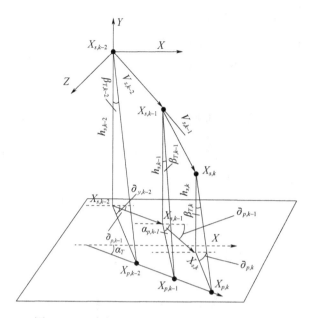

图6.5 运动声阵列对地面运动目标跟踪示意图

$$\begin{cases} \tan\beta_p(\boldsymbol{k}) < \infty \\ f_{tc}(\boldsymbol{k},\boldsymbol{k}-1,\boldsymbol{k}-2) \neq 0 \end{cases}$$

或

$$\begin{cases} \tan\beta_p(\boldsymbol{k}) < \infty \\ f_{ts}(\boldsymbol{k},\boldsymbol{k}-1,\boldsymbol{k}-2) \neq 0 \end{cases} \tag{6.12}$$

式中:$f_{tc}(\boldsymbol{k},\boldsymbol{k}-1,\boldsymbol{k}-2) = \nabla^2\tan\beta_p(\boldsymbol{k})\cos\alpha_p(\boldsymbol{k})$;$f_{ts}(\boldsymbol{k},\boldsymbol{k}-1,\boldsymbol{k}-2) = \nabla^2\tan\beta_p$
$(\boldsymbol{k})\sin\alpha_p(\boldsymbol{k})$;$\nabla^n(\bullet)$为 n 阶差分运算。

理论上,式(6.10)有解的充分条件是:

由于方向角探测误差的存在以及计算机有效字长的影响,在应用时会造成式(6.12)始终成立的假象,考虑到方位角探测误差,应将式(6.12)修改为

$$\begin{cases} \beta_p(\boldsymbol{k}) \notin (\pi/2 - \boldsymbol{\sigma}_{\beta(k)}, \pi/2 + \boldsymbol{\sigma}_{\beta(k)}) \\ |f_{tc}(\boldsymbol{k},\boldsymbol{k}-1,\boldsymbol{k}-2)| > \boldsymbol{\sigma}_{tc}^+ - \boldsymbol{\sigma}_{tc}^- \end{cases} \tag{6.13}$$

或

$$\begin{cases} \beta_p(\boldsymbol{k}) \notin (\pi/2 - \boldsymbol{\sigma}_{\beta(k)}, \pi/2 + \boldsymbol{\sigma}_{\beta(k)}) \\ |f_{ts}(\boldsymbol{k},\boldsymbol{k}-1,\boldsymbol{k}-2)| > \boldsymbol{\sigma}_{ts}^+ - \boldsymbol{\sigma}_{ts}^- \end{cases} \tag{6.14}$$

式中:$\boldsymbol{\sigma}_{\beta(k)}$ 为 $\boldsymbol{kT}$ 时刻俯角标准差;$\boldsymbol{\sigma}_{tc}^+$,$\boldsymbol{\sigma}_{tc}^-$ 为 $f_{tc}(\boldsymbol{k},\boldsymbol{k}-1,\boldsymbol{k}-2)$ 在方位角和俯角误差范围内达到的最大值与最小值;$\boldsymbol{\sigma}_{ts}^+$,$\boldsymbol{\sigma}_{ts}^-$ 为 $f_{ts}(\boldsymbol{k},\boldsymbol{k}-1,\boldsymbol{k}-2)$ 在方位角和俯

角误差范围内达到的最大值与最小值。

经以上分析,可得出结论:运动声阵列在仅有角度信息条件下能够对二维匀速运动目标跟踪的充分条件是式(6.13)或式(6.14)成立,观测体的水平方向速度和加速度都不是必需的。

6.3.3 对匀加速运动目标的跟踪

若目标保持匀加速运动状态,即 $\ddot{X}_p$ 为恒值,则运动声阵列利用目标方向信息对目标的定位,应考虑以下方程:

$$
\begin{cases}
y_s^g(k) = y_s^g(k-1) - (\dot{y}_s^g(k-1) + 0.5(\ddot{y}_s^g(k-1)T))T \\
x_p^d(k) = y_s^g(k)\tan\beta_p(k)\cos\alpha_p(k) \\
z_p^d(k) = y_s^g(k)\tan\beta_p(k)\sin\alpha_p(k) \\
X_p^g = X_s^g + X_p^d \\
X_p^g(k-1) - X_p^g(k-2) + \ddot{X}_p^g T^2 = X_s^g(k) + X_p^g(k-1)
\end{cases}
\tag{6.15}
$$

$$
\begin{cases}
X_p^g(k-1) + (\dot{X}_p^g(k-1)T + 0.5\,\ddot{X}_p^g T^2) = \dot{X}_p^d(k) \\
\dot{X}_p^g(k) - \dot{X}_p^g(k-1) = \ddot{X}T
\end{cases}
\tag{6.16}
$$

利用式(6.15)、式(6.16)的递推关系即可解出目标运动参数,与对匀速直线运动目标定位不同的是需要更多一次的递推,相当于对目标运动当前时刻的响应更加滞后了。根据式(6.16)可以得出运动声阵列对匀加速度运动地面目标跟踪的充分条件是

$$
\begin{cases}
\tan\beta_p(k) < \infty \\
f_{tc}(k,k-1,k-2,k-3) \neq 0
\end{cases}
\tag{6.17}
$$

$$
或\begin{cases}
\tan\beta_p(k) < \infty \\
f_{ts}(k,k-1,k-2,k-3) \neq 0
\end{cases}
\tag{6.18}
$$

其中

$$
\begin{cases}
f_{tc}(k,k-1,k-2,k-3) = \nabla^3\left[\tan\beta_p(k)\cos\alpha_p(k)\right] \\
f_{ts}(k,k-1,k-2,k-3) = \nabla^3\left[\tan\beta_p(k)\sin\alpha_p(k)\right]
\end{cases}
$$

同理,考虑到俯仰角和方位角误差,将式(6.17)、式(6.18)修改为

$$
\begin{cases}
\beta_p(k) \notin (\pi/2 - \sigma_{\beta(k)}, \pi/2 + \sigma_{\beta(k)}) \\
|f_{tc}(k,k-1,k-2,k-3)| > \sigma_{tc}^+ - \sigma_{tc}^-
\end{cases}
\tag{6.19}
$$

$$
或\begin{cases}
\beta_p(k) \notin (\pi/2 - \sigma_{\beta(k)}, \pi/2 + \sigma_{\beta(k)}) \\
|f_{ts}(k,k-1,k-2,k-3)| > \sigma_{ts}^+ - \sigma_{ts}^-
\end{cases}
\tag{6.20}
$$

式中：σ_{tc}^{+}，σ_{tc}^{-}，σ_{ts}^{+}，σ_{ts}^{-} 同上。

从式 (6.20) 可以得出一个很重要的结论：仅有角度信息的三维运动平台对二维加速度运动目标跟踪时平台的水平方向加速度不是必需的（而二维机动观测器对二维机动目标的跟踪需要观测器做出比目标加速度高一阶次的机动[7]）。这对没有推进装置的 BAT 子弹药来讲是一个非常大的优势，因为 BAT 子弹药仅有的滑翔能力不能做出长时间平稳的更高阶的机动，在此条件限制下，实现对机动目标的有效跟踪就显得尤为重要。

6.3.4　对更高阶加速度目标的跟踪

针对目标做出更高阶的加速度机动，我们仿照式 (6.10) 和式 (6.15) 可以得出一般的跟踪算法，即仅有角度信息条件下三维运动载体对二维机动目标跟踪可以由以下几个方程组成。

未知高度的观测平台运动差分方程：

$$\nabla^1(X_s^g(k)) = f(\dot{X}_s^g(k), \ddot{X}_s^g(k), \dddot{X}_s^g(k), \cdots) \tag{6.21}$$

量测与目标运动状态转换方程：

$$[x_p^d(k) \quad z_p^d(k)]^{\mathrm{T}} = y_s^g(k)[\tan\beta_p(k)\cos\alpha_p(k) \tan\beta_p(k)\sin\alpha_p(k)]^{\mathrm{T}} \tag{6.22}$$

坐标转换方程：

$$X_p^g(k) = X_s^g(k) + X_p^d(k) \tag{6.23}$$

目标运动状态差分方程组：

$$\nabla^i(X_p^g(k)) = f(\dot{X}_p^g(k), \ddot{X}_p^g(k), \dddot{X}_p^g(k), \cdots)(i = 1,2,3,\cdots,N_p+1) \tag{6.24}$$

式中：N_p 取目标运动最高阶次。

以上方程组有解的充分条件是

$$\begin{cases} \beta_p(k) \notin (\pi/2 - \sigma_{\beta(k)}, \pi/2 + \sigma_{\beta(k)}) \\ |\nabla^n(\tan\beta_p(k)\sin\alpha_p(k))| > \sigma_{tc}^{+} - \sigma_{tc}^{-} \end{cases} \tag{6.25}$$

或

$$\begin{cases} \beta_p(k) \notin (\pi/2 - \sigma_{\beta(k)}, \pi/2 + \sigma_{\beta(k)}) \\ |\nabla^n(\tan\beta_p(k)\sin\alpha_p(k))| > \sigma_{ts}^{+} - \sigma_{ts}^{-} \end{cases} \tag{6.26}$$

证明：根据式 (6.15) 可以得出观测平台竖直方向运动方程可以表示为初始值 $y_s^g(0)$ 的函数：

$$y_s^g(k) = y_s^g(0) - \sum_{n=1}^{N_s} \frac{y_s^{g(n)}(k)(kT)^n}{n!}$$

联合式 (6.22) 式 (6.24) ，并注意到式 (6.24) 有 $\nabla^{N_p+1}(X_p^g(k))=0$ 关系，可得

$$y_s^g(0)\nabla^{N+1}\begin{bmatrix}\tan\beta_p(k)\cos\alpha_p(k)\\\tan\beta_p(k)\sin\alpha_p(k)\end{bmatrix}$$

$$=\nabla^{N_p+1}\left(\begin{bmatrix}\tan\beta_p(k)\cos\alpha_p(k)\\\tan\beta_p(k)\sin\alpha_p(k)\end{bmatrix}\sum_{n=1}^{N_s}\frac{y_s^{(n)}(k)(KT)^n}{n!}-\begin{bmatrix}x_s^g\\z_s^g\end{bmatrix}\right) \quad (6.27)$$

$y_s^0(0)$ 有解的充分条件是

$$\begin{cases}\beta_p(k)\neq\pi/2\\|\nabla^n(\tan\beta_p(k)\cos\alpha_p(k))|\neq0\end{cases} \quad (6.28)$$

$$或\begin{cases}\beta_p(k)\neq\pi/2\\|\nabla^n(\tan\beta_p(k)\sin\alpha_p(k))|\neq0\end{cases} \quad (6.29)$$

考虑到方向角的误差，即得式 (6.28) 、式 (6.29) 。事实上，针对 BAT 子弹药对地面运动目标跟踪问题，研究目标的高阶机动意义是不大的，往往考虑到目标做匀加速度运动就足够了。这里对更高阶的研究主要是为发展三维平台对二维机动目标跟踪理论服务的。

6.3.5　目标轨迹估计的修正与准确度

由于测量误差的存在，算法收敛较慢，因此，需要进行多次连续不断的测量，并对测量结果进行数据融合，对目标的轨迹采取短时间的线性拟合或最小二乘估计。但是，我们对目标的跟踪并不希望只是对目标轨迹的拟合，往往更关心的是目标基于当前的短暂未来时刻的运动状态，对于 BAT 子弹药来讲，更关心的是在战斗部攻击范围和时间内目标方向和距离弹体的距离。因此，针对本节提出的问题，可以对当前时刻附近的几个探测点进行最小二乘拟合，迅速地确定出目标轨迹，根据目标最大可能的轨迹去递推弹体初始高度。弹体初始高度是惟一的，考虑到探测误差，每次递推出来的弹体初始高度一般是不一致的，可以按最大概率准则估算。确定弹体初始高度以后，就可以确定弹体的当前高度，根据运动声阵列得出的目标方向信息，就能很容易计算出目标相对于弹体的位置，也可以用推广的卡尔曼滤波器对航迹进行滤波。

基于角跟踪的算法受观测体和目标的相对速度、计算间隔影响很大，因此，对跟踪质量作出适当评估，有利于优化跟踪轨迹，可以根据距离公式给出每次计算的准确度：

$$P_s(k) = \frac{|\nabla^n(\tan\beta_p(k)\cos\alpha_p(k))| - (\sigma_{tc}^+ - \sigma_{tc}^-)}{|\nabla^n(\tan\beta_p(k)\cos\alpha_p(k))|} \tag{6.30}$$

$$P_c(k) = \frac{|\nabla^n(\tan\beta_p(k)\cos\alpha_p(k))| - (\sigma_{tc}^+ - \sigma_{tc}^-)}{|\nabla^n(\tan\beta_p(k)\sin\alpha_p(k))|} \tag{6.31}$$

$$P(k) = (P_s^2 + P_c^2)/(P_s + P_c) \tag{6.32}$$

准确度可以作为一次目标方位估计的量化标准,可以通过计算准确度来改变观测体的跟踪轨迹,达到优化跟踪的目的。

6.3.6 目标机动检测与机动识别

尽管 BAT 子弹药对目标的跟踪仅有几秒到二十几秒,可是目标仍有可能发生机动,因此,BAT 子弹药必须能对目标的机动进行识别。根据前面的分析,BAT 子弹药可以利用目标短暂的静止状态或匀速运动状态甚至匀加速运动状态来计算弹体抛撒高度,初始高度确定下来就可以作为判断目标发生机动的判据。如果目标发生机动,那么根据未发生机动的模型进行跟踪会带来很大误差,在这种条件反推弹体初始高度和稳态时计算的弹体初始高度会有很大的误差,可以设定一个合理的阈值,当超过阈值时就可以认为目标发生机动。同时,调整目标机动模型,直至使计算初始高度的误差控制在满意程度内为止。可以看出,该算法有一个前提,那就是目标必须有一个持续一定时间的典型运动状态供 BAT 子弹药计算准确的初始高度,否则该算法会出现不收敛现象。

6.3.7 已知初始高度的算法

如果能够测得弹药抛撒高度,即 $y_s^g(0)$ 已知,则该算法会更稳健而收敛迅速,并能够实时计算出目标距弹体的相对距离。算法如下:

$$\begin{cases} y_s^g(k) = y_s^g(0) - \displaystyle\sum_{n=1}^{N_s} \frac{y_s^{g(n)}(k)(kT)^n}{n!} \\ x_p^d(k) = y_s^g(k)\tan\beta_p(k)\cos\alpha_p(k) \\ z_p^d(k) = y_s^g(k)\tan\beta_p(k)\sin\alpha_p(k) \end{cases} \tag{6.33}$$

对于 BAT 子弹药来讲,由于抛撒方式不同,每次抛撒的数量和高度可能都不一样,因此不一定都能获得准确的初始高度,采用该算法时必须增加弹上测高装置。

6.4 BAT 对二维机动目标跟踪问题仿真研究

针对本节研究的问题,采用计算机仿真的方法比较容易检验模型的有效性,计算机仿真可以方便地给出目标和弹体的运动关系。设置不同的跟踪条件和探测误差来检验跟踪的有效性,仿真原理流程如图 6.6 所示。

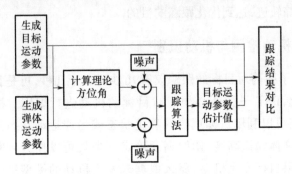

图 6.6　仿真原理流程图

根据 BAT 子弹药的真实跟踪条件设定目标运动参数和弹体跟踪参数,计算弹体平动坐标系下的目标理论方向角,包括方位角和高低角。假设声阵列定向误差服从正态分布,用计算机产生正态分布的随机数加在理论方向角上来模拟真实探测的方向角,用同样的方法使弹体参数染噪来模拟真实的弹体运动参数,根据提供的跟踪方法计算目标运动参数,并与目标运动参数理论真值多次对比来检验算法的有效性。

表 6.1　弹体与目标运动参数

	初始位置/m			初始速度/(m/s)			加速度/(m/s²)		
	X 向	Y 向	Z 向	X 向	Y 向	Z 向	X 向	Y 向	Z 向
弹体参数	0	1200	0	50	0	20	0	−3	0
目标参数	1200	0	500	15	8.66	0	0	0	0

仿真参数如表 6.1 所列,X 向为正东方向,Y 向为竖直向上,Z 向为正北方向,航向角为沿 X 正向逆时针旋转所得夹角。

未知弹体高度的条件下,方位角误差标准差为 0.1°时,跟踪结果如图 6.7 至图 6.9 所示,从图中可以看出在高度未知的情况下需要定向精度很高算法才能收敛,且收敛较慢,由于声阵列定向精度很难达到 0.1°,因此必须借助其他探测方式提高定向精度才能更有效地跟踪目标。

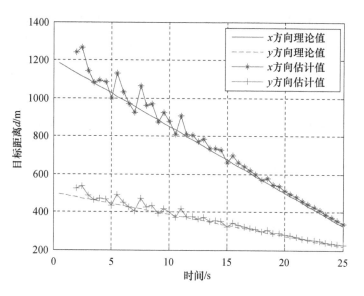

图 6.7 距离估计误差图

（方向角标准差 0.1°，未知弹体高度）

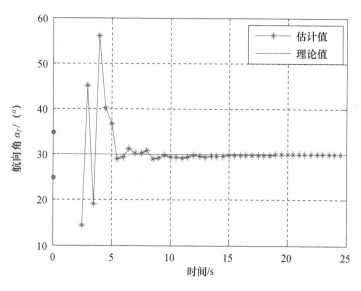

图 6.8 航向角估计误差

（方向角标准差 0.1°，未知弹体高度）

如果采用其他手段在子弹药抛撒时测得弹体竖直高度则可按式（6.33）进行跟踪，其仿真结果如图 6.10 ~ 图 6.18 所示。其中，当方位角标准差为 1°、初始高度准确时对目标位移、航向角和速度的估计如图 6.10、图 6.11、图 6.12 所示,可见,目标距离误差随着距离的减小而减小,航向角和速度的估计是渐进收敛的,且收敛较快。

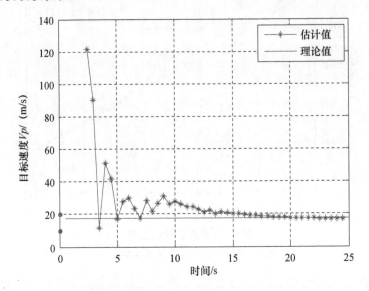

图 6.9　目标速度估计误差

（方向角标准差 0.1°,未知弹体高度）

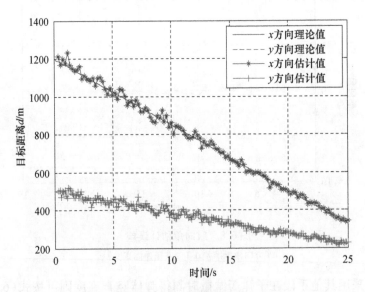

图 6.10　目标位移估计误差

（方向角标准差 1°,已知精确弹体高度）

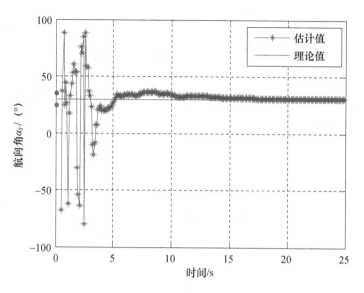

图 6.11　航向角估计误差
（方向角标准差 1°,已知弹体精确抛撒高度）

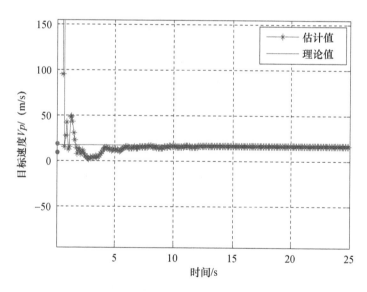

图 6.12 目标速度估计误差
（方向角标准差 1°,已知弹体精确抛撒高度）

当方向角误差增加到 2° 的时候,对目标方位、航向角和速度的估计如图 6.13、图 6.14 和图 6.15 所示,距离估计误差明显增大,航向角和速度的估计收敛缓慢,说明该算法对定向误差依赖程度高,这是被动定位的根本特点之一。

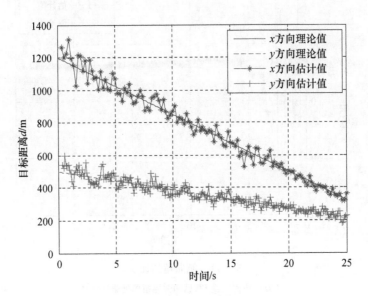

图 6.13　目标位移估计误差

（方向角标准差 2°，已知弹体精确抛撒高度）

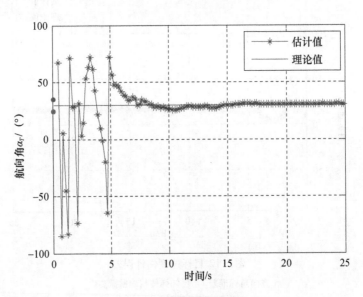

图 6.14　航向角估计误差

（方向角标准差 2°，已知弹体精确抛撒高度）

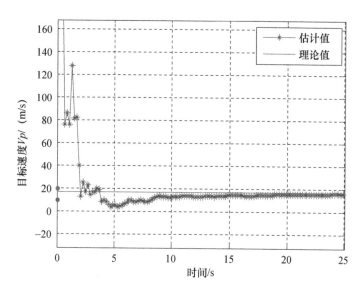

图 6.15　目标速度估计误差

（方向角标准差 2°，已知精确弹体抛撒高度）

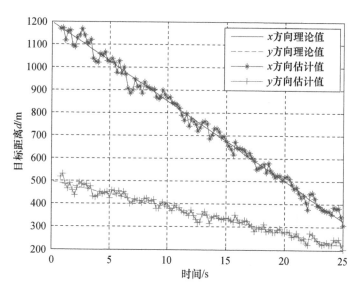

图 6.16　目标位移估计误差

（方向角标准差 2°，弹体高度标准差 20m）

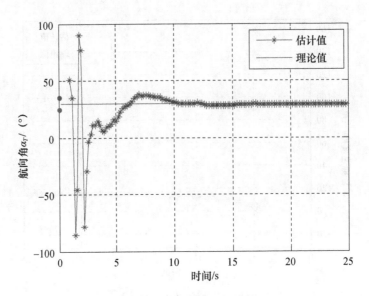

图 6.17 航向角估计误差

（方向角标准差 2°，弹体高度标准差 20m）

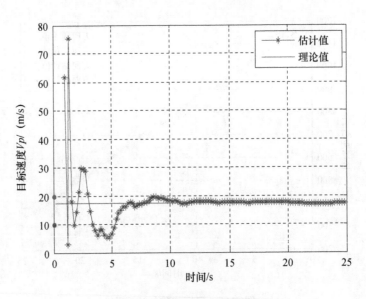

图 6.18 目标速度估计误差

（方向角标准差 2°，弹体高度标准差 20m）

事实上弹体的高度测量也是有误差的,在方向角误差 2°条件下,弹体的高度标准差为 20m 时,对目标位移、航向角和速度的估计如图 6.16、图 6.17、图 6.18 所示,目标位移估计的误差增大,航向角和速度的估计收敛变慢,但是不明显,这说明该算法对高度精度要求不高,可以考虑使用其他手段测量弹体抛撒高度,该高度精度要求不高,比较容易在弹上实现,会显著提高跟踪精度。

　　本节对 BAT 子弹药声探测系统即运动声阵列对运动目标定向和跟踪进行了研究,给出了运动声阵列定向算法,并在仅有角度信息的条件下建立了运动声阵列对运动目标的跟踪模型,通过仿真研究验证了模型的有效性。其主要结论如下:由于运动声阵列具有一定机动能力,使得利用仅有的角度信息对地面运动目标跟踪成为可能;在未知弹体抛撒高度的条件下,运动声阵列对目标的距离、速度、航向角估计收敛缓慢,并且对定向精度要求很高,单独使用声阵列估计距离难以完成;在通过其他手段测得弹体抛洒高度的条件下,运动声阵列对目标距离、速度、航向角估计收敛迅速;运动声阵列对目标的定位精度主要依赖方向角精度,对弹体初始高度精度要求不高,提高了运动声阵列的实用价值。

　　在此基础上可以进一步采用比较经典的扩展卡尔曼滤波等算法改进跟踪效果,在此就不再赘述。但根据前面的分析,被动角跟踪和静止声阵列被动定向在本质上存在相似之处,核心思想都是解三角形。而这类三角形都是一边较短,另两边很长且近似相等,并且能够测知的两长边对应角度是有误差的,很显然,相同的角度误差条件下减小长边与短边的比值有利于定距,也有利于跟踪,这与静止声阵列增加阵列半径尺寸能提高定距精度类似。为了减小长边与短边的比值必须增加角跟踪的步长,这就引起一种矛盾:角跟踪步长的加大有利于对目标定距,但造成目标跟踪实时性下降。

6.5　小结

　　针对运动声阵列只能提供目标方向信息序列而无法探测目标距离的特点,研究运动声阵列角跟踪问题,为 BAT 更好地跟踪目标奠定基础。由于目前角跟踪理论都是基于精确定向的,不满足工程应用,因此本章提出了一种三维运动载体对二维有限机动目标存在定向误差条件下的角跟踪理论,建立了角跟踪模型,给出了可以解出包括目标距离、运动速度、加速度等参数的充分条件,为研究 BAT 跟踪策略和优化跟踪奠定了基础,有效推进了运动声阵列角跟踪工程化应用。

　　针对 BAT 子弹药目标的特点,将地面目标划分为几种典型运动状态,针对不同运动状态给出了跟踪算法和判据,尤其是目标做匀速运动和匀加速运动时弹体不需在水平面上做高阶次的加速度运动,这为只有滑翔能力的 BAT 弹药跟踪地面机动目标提供了可能性。提出了通过计算弹体初始高度来识别目标的运动状态方法,提高了 BAT 子弹药跟踪算法的实用性;给出了跟踪算法的精确度函数,可以根据精确度函数进行优化跟踪。

第7章 三维运动声阵列对双点声源角跟踪指向性能

未来战场是多种声源并存,除目标信号以外的所有声信号都为干扰信号,特别是有些干扰源的干扰信号与目标信号产生机理相同,声特性也十分相似。例如,T59 主战坦克速度在 30~40km/h 时声信号的功率谱主要能量集中在 1000Hz以下,为一中低频率连续谱;一般汽车在速度为 35km/h 时基频一般在 50~100Hz以内,汽车噪声信号与坦克和装甲车声信号有较多相似之处,特别是大型卡车;7.62mm 机枪的噪声信号为一宽带信号,在带宽内能量分布均匀,半自动步枪在1000Hz 内能量比其他频带范围内的要高,且它的峰值频率一般在 250~1000Hz 范围内;火炮的噪声也为一宽带信号,信号在 1000Hz 内能量值较高,噪声峰值频率一般在 80~500Hz 范围内[139]。国内外对于声干扰的研究主要集中在水声干扰[227-229],对于三维运动声阵列在多声源干扰下的角跟踪指向问题目前还未见这方面的公开资料。国内外对于声阵列角跟踪问题主要是在声阵列相对地面静止的情况下进行了研究[7,230-231],对于运动声阵列的角跟踪问题,南京理工大学做了有关研究[3,4],但也仅研究了在单点声源下的角跟踪指向问题。

本章以多点声源干扰的基本原理为基础,分别从两个方面研究了三维运动声阵列在双点声源复合作用下的角跟踪指向性能,一方面通过建立运动声阵列在双点声源下的角跟踪指向性能数学模型,分析了运动声阵列在点声源干扰时的角跟踪性能,另一方面建立了评价等功率两点声源辐射的角跟踪评价指标。

7.1 多点声源干扰原理

图 7.1 为三维运动声阵列在多源干扰下对真实目标的方位估计示意图。以真实目标为坐标原点,建立系统坐标系,假设目标平面内共有 n 个目标(伪目标)发出干扰声信号,图中的 $A_1,A_2,A_3,\cdots,A_n,r_i,(i=1,2,\cdots,n)$ 为阵列与伪目标之间的距离,r,β,α 分别为阵列与真实目标之间的距离、俯仰角及方位角。则单个声辐射源的辐射声压为[232]

$$p = p_0\cos(\omega t + kr(t)) \tag{7.1}$$

式中:p 为声源辐射声压;p_0 为静态压强;$\omega = 2\pi f$ 为角频率;$k = 2\pi f/c_0$ 为波数,c_0 为声速(340m/s)。根据空间某点的声场是各个辐射声源形成的声场在该点的线性叠加,则平面上所有声目标发出的信号在三维运动声阵列处的合成场可以表示为

$$P = p\cos(\omega t + \phi) = \sum_{i=0}^{n} p_i\cos(\omega_i t + \theta_i + k_i r_i(t)) \tag{7.2}$$

其中 $i=0$ 对应的是真实目标,$i=1,2,\cdots,n$ 对应的是第 i 个伪目标,$p_i,\omega_i,$ k_i 分别表示第 i 个目标辐射源的声压幅度、辐射声信号的角频率、波数,θ_i 表示第 i 个干扰目标辐射声源与二维真实目标之间的初始相位差,由于阵列与各个辐射声源之间存在相对运动,因此 $r_i(t)$ 是一个随时间变化的参数。令 $\phi_i = \theta_i + k_i r_i(t)$,根据式(7.1)、式(7.2)及矢量分解原理可得

$$\phi = \arctan\left[\sum_{i=0}^{n} p_i\sin\phi_i \Big/ \sum_{i=0}^{n} p_i\cos\phi_i\right] \tag{7.3}$$

$$p = \left(\left(\sum_{i=0}^{n} p_i\sin\phi_i\right)^2 + \left(\sum_{i=0}^{n} p_i\cos\phi_i\right)^2\right)^{1/2} \tag{7.4}$$

根据式(7.2)、式(7.3)、式(7.4)可知,阵列接收的声信号为多个声源信号的叠加。由于战场目标的多样性,从而导致各个声源的频率也不相同,式(7.2)为远场合成声信号模型,其梯度方向不指向任何一个实际的辐射声源,因此对接收信号的方位估计并不是真实跟踪目标的方位信息,而是一个"空白"目标方位信息,如图7.1中的 B 区域。

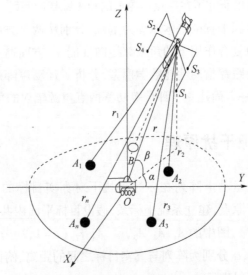

图7.1 多源干扰下阵列的方位估计示意图

7.2　角跟踪指向性能数学模型

根据上述分析,假设阵列接收的声信号由两个不同声源发出信号的合成,即假定目标区域内只存在一个伪目标及一个真实目标。图 7.2 为运动声阵列在双点声源下角跟踪指向示意图,以二维真实目标为原点建立坐标系,X 轴指向北,Z 轴垂直于地面指向上,Y 轴按右手法则确定。在 t 时刻运动声阵列的位置坐标为 (x,y,z),伪目标的位置坐标为 (x_1,y_1),真实目标与伪目标之间的距离为 d_{oA},声阵列接收合成声信号的方位与真实目标声辐射的方位之间的偏角为 $\Delta\theta_{oB}$,两点声源对声阵列的张角为 $\Delta\theta_{oA}$。

为了分析方便,对数学模型可做如下假设:①不考虑由于各个声源的路程差而引起的相位差,即 $r_1 \approx r_2$ 且 $r_1 \approx r_2 \gg d$,d 为真实目标与伪目标之间的距离;②同一个目标发出的声信号在空间一点上被传感器接收的是单一频率声信号,也就是假设传感器接收的是单频信号。根据上述假设及多源干扰理论可知,真实目标及伪目标辐射的声信号到达声阵列处的声压分别为 p_1,p_2,则有

$$p_1 = p_{01}\cos(\omega_1 t + k_1 r_1(t)) \tag{7.5}$$

$$p_2 = p_{02}\cos(\omega_2 t + k_2 r_2(t) + \theta_0) \tag{7.6}$$

式中:θ_0 为两声源辐射声信号的初始相位差;其余变量同上。

根据式(7.2),可得合成声压 P 为

$$P(x,y,z,t) = p(x,y,z,t)\cos(\omega t + \phi(x,y,z,t)) \tag{7.7}$$

其中幅度及相位分别为

$$|P| = |p_{01}^2 + p_{02}^2 + 2p_{01}p_{02}\cos(\phi_1(x,y,z,t) - \phi_2(x,y,z,t))|^{1/2} \tag{7.8}$$

$$\Phi(x,y,z,t) = \arctan\left(\frac{p_{01}\sin(\phi_1(r_1,t)) + p_{02}\sin(\phi_2(r_2,t))}{p_{01}\cos(\phi_1(r_1,t)) + p_{02}\cos(\phi_2(r_2,t))}\right) \tag{7.9}$$

式中:$\phi_1(x,y,z,t) = \omega_1(t - r_1(t)/c_0)$;$\phi_2(x,y,z,t) = \omega_2(t - r_2(t)/c_0) + \theta_0$;$r_1^2 = x^2 + y^2 + z^2$;$r_2^2 = (x - x1)^2 + (y - y1)^2 + z^2$。

由于干扰声信号的存在,声阵列对目标的角跟踪指向存在误差,从而声阵列的跟踪角度不为真实目标的真实角度,一般而言是指向于"空白"目标,如图 7.2 中的 B 所示。

从空间的角度分析,声阵列角跟踪指向应为过声阵列几何中心的等相位线的法线方向[233],则根据空间曲面切平面与法线知识可知,法线方程为

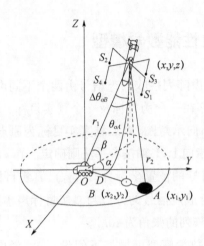

图 7.2　双点声源下阵列角跟踪指向示意图

$$
\begin{cases}
\dfrac{x'-x}{(\partial\varPhi/\partial x)_{(x,y,z)}} = \dfrac{y'-y}{(\partial\varPhi/\partial y)_{(x,y,z)}} = \dfrac{z'-z}{(\partial\varPhi/\partial z)_{(x,y,z)}} \\[3mm]
(\partial\varPhi/\partial x) = \dfrac{\eta^2\,\partial\phi_1/\partial x + 2\eta\cos(\phi_1-\phi_2) + \partial\phi_2/\partial x}{1+(\eta\sin\phi_1 + \sin(\phi_2))} \\[3mm]
(\partial\varPhi/\partial y) = \dfrac{\eta^2\,\partial\phi_1/\partial y + 2\eta\cos(\phi_1-\phi_2) + \partial\phi_2/\partial y}{1+(\eta\sin\phi_1 + \sin(\phi_2))} \\[3mm]
(\partial\varPhi/\partial z) = \dfrac{\eta^2\,\partial\phi_1/\partial z + 2\eta\cos(\phi_1-\phi_2) + \partial\phi_2/\partial z}{1+(\eta\sin\phi_1 + \sin(\phi_2))}
\end{cases}
\tag{7.10}
$$

式中：$\eta = p_{01}/p_{02}$；(x,y,z) 为声阵列在等相位线上的坐标值，也就为声阵列的位置坐标值。令 $z'=0$，则可求得法线在 xy 平面内的交点，也就是图 7.2 中 B 的坐标值 (x_2, y_2)：

$$
\begin{cases}
x_2 = x - z \times \dfrac{\eta^2\,\partial\phi_1/\partial x + 2\eta\cos(\phi_1-\phi_2) + \partial\phi_2/\partial x}{\eta^2\,\partial\phi_1/\partial z + 2\eta\cos(\phi_1-\phi_2) + \partial\phi_2/\partial z} \\[3mm]
y_2 = y - z \times \dfrac{\eta^2\,\partial\phi_1/\partial y + 2\eta\cos(\phi_1-\phi_2) + \partial\phi_2/\partial y}{\eta^2\,\partial\phi_1/\partial z + 2\eta\cos(\phi_1-\phi_2) + \partial\phi_2/\partial z}
\end{cases}
\tag{7.11}
$$

式中：$\dfrac{\partial\phi_1}{\partial x} = \dfrac{\omega_1 x}{c_0\sqrt{x^2+y^2+z^2}}$；$\dfrac{\partial\phi_1}{\partial y} = \dfrac{\omega_1 y}{c_0\sqrt{x^2+y^2+z^2}}$；$\dfrac{\partial\phi_1}{\partial z} = \dfrac{\omega_1 z}{c_0\sqrt{x^2+y^2+z^2}}$；

$\dfrac{\partial\phi_2}{\partial x} = \dfrac{\omega_2(x-x_1)}{c_0\sqrt{(x-x_1)^2+(y-y_1)^2+z^2}}$；$\dfrac{\partial\phi_2}{\partial y} = \dfrac{\omega_2(y-y_1)}{c_0\sqrt{(x-x_1)^2+(y-y_1)^2+z^2}}$；

$\dfrac{\partial\phi_2}{\partial z} = \dfrac{\omega_2 z}{c_0\sqrt{(x-x_1)^2+(y-y_1)^2+z^2}}$。

令 $a = 2\eta\cos(\phi_1 - \phi_2), b = \eta^2\omega_1/c_0, q = \omega_2/c_0$,

则有

$$
\begin{cases}
x_2 = x - z\,\dfrac{\dfrac{bx}{r_1} + a + \dfrac{q}{r_2}(x - x_1)}{a + \dfrac{bz}{r_1} + \dfrac{qz}{r_2}} \\[4mm]
y_2 = y - z\,\dfrac{\dfrac{by}{r_1} + a + \dfrac{q}{r_2}(y - y_1)}{a + \dfrac{bz}{r_1} + \dfrac{qz}{r_2}}
\end{cases}
\tag{7.12}
$$

根据假设可知 $r_1 \approx r_2$,则式(7.17)、式(7.18)简化可得

$$
\begin{cases}
x_2 = \dfrac{ar\,(x - 1) + qzx_1}{ar + z(b + q)} \\[4mm]
y_2 = \dfrac{ar\,(y - 1) + qzy_1}{ar + z(b + q)}
\end{cases}
\tag{7.13}
$$

则声阵列偏离真实目标的距离为

$$
d_{oB} = \sqrt{x_2^2 + y_2^2} = \frac{\sqrt{a^2 r^2\left[(x - z)^2 + (y - z)^2\right] + q^2 z^2 (x_1^2 + y_1^2)}}{ar + z(b + q)}
\tag{7.14}
$$

又令 $\kappa = \omega_2/\omega_1$, $r_1 \gg d_{oA}$, $r_2 \gg d_{oA}$ $\varsigma = \left(\sqrt{(x - x_1)^2 + (y - y_1)^2 + z^2}\right)/$
$\left(\sqrt{x^2 + y^2 + z^2}\right)$

则有

$\varsigma = 1, \sin(\Delta\theta_{oB}) \approx \Delta\theta_{oB}, \sin(\theta_{oA}/2) \approx \theta_{oA}/2, \theta_{oA}/2 - \Delta\theta_{oB}\to 0$

因此,根据正弦定理有

$$
\frac{r_1}{\sin(90 - \theta_{oA}/2)} = \frac{d_{oA}}{\sin(\theta_{oA})}
\tag{7.15}
$$

$$
\frac{d_{oB}}{d_{oA}} = \frac{\sin(\Delta\theta_{oB})}{2\sin(\theta_{oA}/2)\cos(\theta_{oA}/2 - \Delta\theta_{oB})} = \frac{\Delta\theta_{oB}}{\theta_{oA}}
\tag{7.16}
$$

则运动声阵列偏离真实目标的角度为

$$
\Delta\theta_{oB} = \frac{d_{oB}}{d_{oA}}\theta_{oA} = \frac{3\kappa + 2\eta\kappa\cos(\phi_1 - \phi_2)}{3\kappa + 3\eta^2 + 2\eta(1 + \kappa)\cos(\phi_1 - \phi_2)}\theta_{oA}
\tag{7.17}
$$

因此,式(7.14)、式(7.17)组成了运动声阵列在双点声源下的角跟踪指向性能数学模型。从战场多源干扰因素的角度来考虑,在 t 时刻影响运动声阵列对真实目标角跟踪指向性能的主要因素有干扰声信号与真实目标辐射的声信

号的频率值比、声压幅值比及两声源的相位差,则可以从以下几个方面进一步讨论伪目标的声信号对运动声阵列角跟踪指向性能的影响。

7.3 运动声阵列角跟踪指向抗干扰性能分析

讨论1:伪目标与真实目标的声信号在频率上一致,声压幅值保持线性关系,即 $\kappa = 1$,此时式(7.17)可转化为

$$\Delta\theta_{oB} = \frac{3 + 2\eta\cos(\phi_1 - \phi_2)}{3 + 3\eta^2 + 4\eta\cos(\phi_1 - \phi_2)}\theta_{oA} \tag{7.18}$$

(1)当 $\phi_1 - \phi_2 = 0$,即伪目标与真实目标同相时,式(7.18)可转化为

$$\Delta\theta_{oB} = \frac{3 + 2\eta}{3 + 3\eta^2 + 4\eta}\theta_{oA} \tag{7.19}$$

由 $\eta = p_{01}/p_{02}$,当 $p_{01} = 0$ 时,$\eta = 0$,即角跟踪区域内只存在伪目标,此时 $\Delta\theta_{oB} = \theta_{oA}$,声阵列角跟踪指向伪目标;当 $p_{02} = 0$ 时,$\eta \to \infty$,即角跟踪区域内只存在真实目标,此时 $\Delta\theta_{oB} = 0$,声阵列角跟踪指向真实目标。当 $0 < \eta < \infty$ 时,声阵列角跟踪方向指向伪目标与二维声目标连线之间。

(2)当 $\phi_1 - \phi_2 = \pi$,即伪目标与真实目标反相时,式(7.18)可转化为

$$\Delta\theta_{oB} = \frac{3 - 2\eta}{3 + 3\eta^2 - 4\eta}\theta_{oA} \tag{7.20}$$

分析式(7.20)可知,$\eta = 0$,$\Delta\theta_{oB} = \theta_{oA}$,声阵列角跟踪指向伪目标;$\eta \to \infty$,$\Delta\theta_{oB} = 0$,声阵列角跟踪指向真实目标。与同相干扰不同的是在 $\eta > 1.5$ 之后,$\Delta\theta_{oB}$ 与 θ_{oA} 出现负数系数关系,这主要是由于模型中的数学假设与实际情况的差别而导致,但是此负数系数非常小,随着 η 的增加,$\Delta\theta_{oB}/\theta_{oA}$ 将趋于0。

图7.3 为同频率下同相与反相时 $\Delta\theta_{oB}/\theta_{oA}$ 与 η 的关系,由图可知,随着 η 的增加,$\Delta\theta_{oB}/\theta_{oA}$ 下降迅速,说明运动声阵列在对两类同频率的声源目标进行角跟踪时,其角跟踪指向于声强度高的目标。图7.4 为同频率不同 η 值下的 $\Delta\theta_{oB}/\theta_{oA}$ 随 $\phi_1 - \phi_2$ 变化曲线,由图可知,在 $\eta < 1$ 中,随着 $\phi_1 - \phi_2$ 的增加,$\Delta\theta_{oB}/\theta_{oA}$ 的比值缓慢增加,这主要是因为声阵列受到伪目标的"双重干扰",即声强度干扰及相位干扰同时存在,从而导致声阵列角度跟踪指向于伪目标的概率增加;在 $\eta = 1$ 时,$\Delta\theta_{oB}/\theta_{oA}$ 的比值不随 $\phi_1 - \phi_2$ 的变化,始终保持在 0.5 上,这主要是由于声阵列以声信号为探测手段,接收到的声强度对声阵列角跟踪指向的影响程度大于相位干扰的影响程度,因此当两类声信号的声强相等时,声阵列角跟踪指向于两目标连线的中点;在 $\eta > 1$ 时,随着 $\phi_1 - \phi_2$ 的增加,$\Delta\theta_{oB}/\theta_{oA}$ 的比值缓慢降低,这也说明了

声信号的声强度干扰对声阵列角跟踪指向的影响程度大于其相位干扰的影响程度。因此在同频率的双声源跟踪中,声强是影响声阵列角跟踪指向的主要因素。

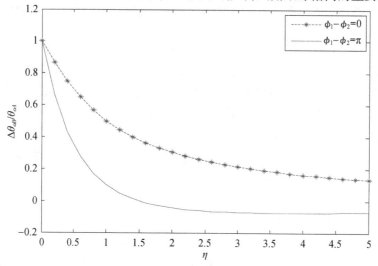

图 7.3　同频率下同相与反相时

$\Delta \theta_{oB} / \theta_{oA}$ 与 η 的关系

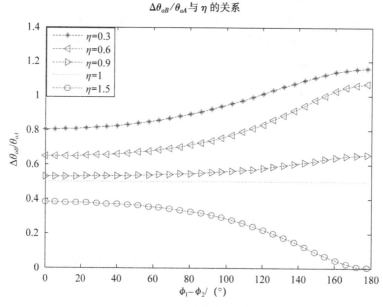

图 7.4　同频率不同 η 值下

$\Delta \theta_{oB} / \theta_{oA}$ 随 $\phi_1 - \phi_2$ 变化曲线

讨论 2:伪目标与真实目标的声信号的声压幅值一致,在频率上保持线性关系,即 $\eta = 1$,此时式(7.17)可转化为

$$\Delta\theta_{oB} = \frac{3\kappa + 2\kappa\cos(\phi_1 - \phi_2)}{3\kappa + 3 + 2(1+\kappa)\cos(\phi_1 - \phi_2)}\theta_{oA} \tag{7.21}$$

(1)当 $\phi_1 - \phi_2 = 0$，即伪目标与真实目标同相时，式(7.21)可转化为

$$\Delta\theta_{oB} = \frac{\kappa}{1+\kappa}\theta_{oA} \tag{7.22}$$

由 $\kappa = \omega_2/\omega_1$，当 $\omega_2 = 0$ 时，$\kappa = 0$，即角跟踪区域内只存在真实目标，此时 $\Delta\theta_{oB} = 0$，声阵列角跟踪方向指向真实目标；当 $\omega_1 = 0$ 时，$\kappa \to \infty$，即角跟踪区域内只存在伪目标，此时 $\Delta\theta_{oB} = \theta_{oA}$，声阵列角跟踪方向指向伪目标。当 $0 < \kappa < \infty$ 时，声阵列角跟踪方向指向伪目标与二维声目标连线之间。

(2)当 $\phi_1 - \phi_2 = \pi$，即伪目标与真实目标反相时，此时式(7.28)转化为

$$\Delta\theta_{oB} = \frac{\kappa}{1+\kappa}\theta_{oA} \tag{7.23}$$

式(7.22)同式(7.23)，因此分析结果也相同。

图 7.5 为同声强下同相与反相时 $\Delta\theta_{oB}/\theta_{oA}$ 与 κ 的关系，由图可知，随着 κ 的增加，$\Delta\theta_{oB}/\theta_{oA}$ 也增加，但是增幅逐渐平缓，说明声阵列在对两类同声强不同频率的声源目标进行角跟踪时，其角度跟踪指向于角频率高的目标，但是无论 κ 多大，$\Delta\theta_{oB}$ 的角度不会超过 θ_{oA}，说明声阵列角跟踪指向于两声源目标连线之间。图 7.6 为同声强不同 κ 值时 $\Delta\theta_{oB}/\theta_{oA}$ 与 $\phi_1 - \phi_2$ 的关系曲线，由图可知，在 κ 一定时，$\Delta\theta_{oB}/\theta_{oA}$ 不随 $\phi_1 - \phi_2$ 的变化而变化，这主要是因为

$$\phi_1(x,y,z,t) = \omega_1(t - r_1(t)/c_0) \tag{7.24}$$

$$\phi_2(x,y,z,t) = \omega_2(t - r_2(t)/c_0) + \theta_0 \tag{7.25}$$

又根据假设 $r_1 \approx r_2$，可知

$$\phi_1 - \phi_2 = (t - r_1(t)/c_0)(\omega_1 - \omega_2) - \theta_0 = (t - r_1(t)/c_0)(1-\kappa)\omega_1 - \theta_0 \tag{7.26}$$

由式(7.26)可知，两点声源相位角的变化被包含在了频率值比的变化之内，同时也说明了两声源目标相位角的变化与频率值比的变化是相互关联的，不是两个独立的影响因素。

讨论3：伪目标与真实目标声信号的声压幅值、频率均保持线性关系，此时分析式(7.17)可转化为

$$\Delta\theta_{oB} = \frac{3\kappa + 2\eta\kappa\cos((t - r_1(t)/c_0)(1-\kappa)\omega_1 - \theta_0)}{3\kappa + 3\eta^2 + 2\eta(1+\kappa)\cos((t - r_1(t)/c_0)(1-\kappa)\omega_1 - \theta_0)}\theta_{oA} \tag{7.27}$$

(1)当 $\phi_1 - \phi_2 = 0$，即伪目标与真实目标同相时，有

$$\Delta\theta_{oB} = \frac{3\kappa + 2\eta\kappa}{3\kappa + 3\eta^2 + 2\eta(1+\kappa)}\theta_{oA} \tag{7.28}$$

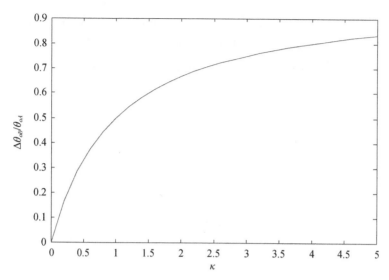

图 7.5　同声强下同相与反相时

$\Delta\theta_{oB}/\theta_{oA}$ 与 κ 的关系

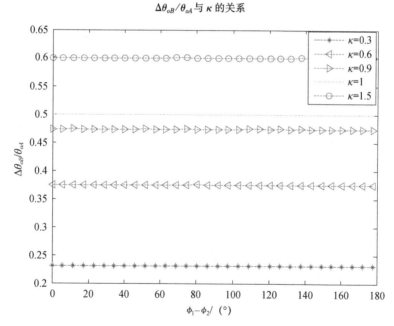

图 7.6　同声强不同 κ 值时

$\Delta\theta_{oB}/\theta_{oA}$ 与 $\phi_1 - \phi_2$ 的关系

（2）当 $\phi_1 - \phi_2 = \pi$，即伪目标与真实目标反相时，有

$$\Delta\theta_{oB} = \frac{3\kappa - 2\eta\kappa}{3\kappa + 3\eta^2 - 2\eta(1 + \kappa)}\theta_{oA} \tag{7.29}$$

图 7.7、图 7.8 为 $\phi_1 - \phi_2 = 0$ 及 $\phi_1 - \phi_2 = \pi$ 时 $\Delta\theta_{oB}/\theta_{oA}$ 随 κ、η 的变化关系，由图可知，η 变化时，$\Delta\theta_{oB}/\theta_{oA}$ 的变化程度较大，而 κ 变化时对 $\Delta\theta_{oB}/\theta_{oA}$ 的影响程度较小，从而说明了 η 是影响声阵列角跟踪指向的主要因素。

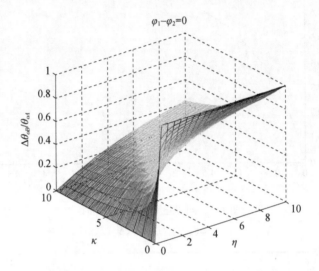

图 7.7　$\phi_1 - \phi_2 = 0$ 时 $\Delta\theta_{oB}/\theta_{oA}$ 随 κ、η 的变化

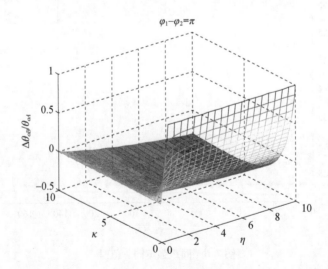

图 7.8　$\phi_1 - \phi_2 = \pi$ 时 $\Delta\theta_{oB}/\theta_{oA}$ 随 κ、η 的变化

7.4　运动声阵列角跟踪抗点声源干扰评价指标模型

为了简化模型,如图7.9所示,可以建立坐标系$O'X'Y'Z'$,设声阵列飞行轨迹与两声源位于同一平面,两点声源之间的距离为$2L$,则以两点声源的几何中心O'建立笛卡儿坐标系,两点声源连线为X',声阵列在$O'X'Y'Z'$坐标系下的弹道倾角为γ。根据上述分析可知,对于等功率两点声源辐射下,声阵列角跟踪指向落点B的坐标为$(x'_2,0,0)$,其中$x'_2 = L(r'_1 - r'_2)/(r'_1 + r'_2)$,在$O'X'Y'Z'$坐标系下,根据正弦定理可知:

$$\begin{cases} \dfrac{\sin(\theta'_{oA}/2)}{L(1-\xi)} = \dfrac{\sin(\pi - \gamma - \theta'_{oA}/2)}{r_3} \\ \dfrac{\sin(\theta'_{oA}/2)}{L(1+\xi)} = \dfrac{\sin(\gamma - \theta'_{oA}/2)}{r_3} \end{cases} \tag{7.30}$$

式中:$\xi = (r'_1 - r'_2)/(r'_1 + r'_2)$;$r_3$为此时角跟踪指向在$O'X'Y'Z'$坐标系下与$X'Y'$平面的交点到阵列的距离。根据式(7.30)可得

$$r_3 = \frac{2L\sin(\gamma - \theta'_{oA}/2)}{\sin\gamma \cdot \sin(\theta'_{oA})} \tag{7.31}$$

$$\xi = \tan(\theta'_{oA}/2)/\tan(\gamma) \tag{7.32}$$

令$\beta' = \dfrac{\sin(\gamma - \theta'_{oA}/2)}{\sin\gamma \cdot \sin(\theta'_{oA})}$,假设在控制系统的作用下,声阵列向真实目标偏转,声阵列速度为v,侧向过载为a,则阵列的偏转量为

$$l = \frac{1}{2}at^2 \approx \frac{1}{2}a\left(\frac{r_3}{v}\right)^2 = \frac{2a(\beta')^2}{v^2} \cdot L^2 \tag{7.33}$$

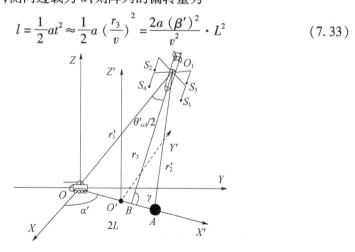

图7.9　运动声阵列角跟踪抗双点声源干扰示意图

由于 BAT 子弹药的战斗部一般为聚能战斗部或是含能破片战斗部或是 EFP,在对目标进行攻击时,战斗部的运动速度都上千,甚至为几千,因此无论是坦克还是装甲车辆的运动速度此时都可以忽略。设弹药战斗部有效毁伤半径为 r_b,则弹药声阵列有效毁伤真实目标应满足:

$$L(1+\xi) - l < r_b \tag{7.34}$$

将式(7.33)代入式(7.34),可得

$$L^2 - \frac{(\xi+1)}{2a\ (\beta')^2/v^2}L + r_b > 0 \tag{7.35}$$

式(7.35)有解的充分必要条件为

$$\Delta = (\xi+1)^2 v^2 - 8a\ (\beta')^2 r_b \geqslant 0 \tag{7.36}$$

令

$$\text{BODI} = (\xi+1)^2 v^2 - 8a\ (\beta')^2 r_b \tag{7.37}$$

式(7.37)为 BAT 有效毁伤真实目标的充分必要条件,根据式中参数含义可知,式(7.37)为一无量纲实数,它是声阵列飞行速度、侧向过载、弹药有效毁伤半径、声阵列弹道倾角及两点源对声阵列张角的函数,因此可将式(7.37)函数定义为一个新的指标,即角度干扰指数(Bearing - Only Deflection Index BODI),并用于评价弹药声阵列在点声源干扰下有效打击真实目标的能力。角度干扰指数能够很好地描述声阵列对点声源目标的角跟踪指向,其值越大,说明声阵列角跟踪指向性能越低,同时也说明运动声阵列抗点声源干扰能力越低。

7.5 小结

(1)建立了运动声阵列在双点声源复合作用下的角跟踪指向性能数学模型,得出影响运动声阵列角跟踪指向性能的因素为伪目标的干扰声信号与目标声信号的频率值比、声压幅值比及两声源的相位差。

(2)从三个方面(伪目标与真实目标的声信号在频率上一致,声压幅值保持线性关系;声压幅值一致,在频率上保持线性关系;声信号的声压幅值、频率均保持线性关系)分析了频率值比、声压幅值比及两声源的相位差与运动声阵列角跟踪指向性能之间的关系。即在同频率的双点声源跟踪中,声强是影响运动声阵列角跟踪指向的主要因素,两点声源相位角的变化被包含在了频率值比的变化之内,同时也说明了两声源目标相位角的变化与频率值比的变化是相互关联的,不是两个独立的影响因素。

（3）提出将包含运动声阵列的飞行速度、侧向过载、战斗部有效毁伤半径、弹道倾角及两点声源对声阵列张角等参数的角度干扰指数（BODI）作为运动声阵列角跟踪指向性能评价指标，为进一步研究运动声阵列对多声源目标跟踪理论奠定了基础。

第8章 结束语

8.1 完成的主要研究内容

以智能反坦克子弹药为应用背景,开展了三维运动声阵列对典型二维声目标的跟踪理论及其应用技术研究,给出了相应的研究方法和理论成果。全书研究的主要内容包括:三维运动声阵列跟踪系统动态模型研究、跟踪系统最佳观测布局研究、观测信号预处理技术研究、跟踪滤波算法研究以及三维运动声阵列对双点声源角跟踪指向性能研究。完成的主要工作如下:

(1)三维运动声阵列跟踪系统动态模型研究。阐述了战场典型二维声目标声信号产生机理及特性,分析了二维声目标的声源特性,探讨了声信号在大气中的反射、折射、透射、散射、声信号的衰减以及声信号传播的多普勒效应,得到了声信号以空气为介质的传播模型,认清了三维运动声阵列跟踪环境的物理现象,结合本书研究的实际环境,给出了三维运动声阵列跟踪系统动态模型的基本假设。在笛卡儿坐标系及修正极坐标系下,分别建立了运动声阵列跟踪系统的状态模型及观测模型,对模型参数进行了分析,设计了一种包含数字压力传感器电路等硬件的弹载高度测量与记录装置。

(2)三维运动声阵列跟踪测量系统最佳布局研究。对由平面四元声阵列组成的跟踪测量系统的阵元布局进行了研究,以二维目标的位置几何精度衰减因子函数最优为目标,对平面四元声阵列跟踪测量系统布局的位置坐标进行了解算,分析了布局精度,得到了三维运动声阵列跟踪测量系统的理论最佳布局;通过静态半实物仿真试验,进行了验证。结合实际的工程应用,给出了三维运动声阵列跟踪测量系统阵元的工程最优布局。

(3)三维运动声阵列观测信号预处理技术研究。对战场环境下的干扰信号进行了分析,在阵列多传感器观测信号预处理方法中,提出了正交小波多尺度观测信号预处理算法,并通过"静态"及"动态"半实物仿真试验进行了验证研究;而在单通道观测信号预处理方法中,基于 EMD 理论,分析了

IMF频谱特性,结合研究的典型声目标声信号特性,对观测信号进行了预处理,同样的信号分析验证了该算法的有效性。此外,提出了一种针对信号几何窗口的变量——当前平均改变能量(CACE),利用该变量推导了基于当前平均改变能量的机动检测算法,将当前机动改变能量调制到CACE上,得到了当前平均改变能量机动准则。最后设计了一种基于Matlab的声信号预处理软件。

(4)三维运动声阵列跟踪滤波算法研究。根据运动声阵列跟踪系统的动态模型,分别从高斯线性、高斯非线性、非高斯非线性三个方面研究了三维运动声阵列对二维声目标的跟踪滤波算法。① 基于线性、高斯系统假设下的跟踪滤波算法。阐述了传统的线性系统滤波状态估计算法,即卡尔曼滤波算法,基于卡尔曼滤波算法提出了多尺度贯序式卡尔曼滤波的运动声阵列跟踪算法(MSBKF),Matlab仿真分析了该算法的跟踪性能,针对跟踪滤波与预测实时性问题,提出了运动阵列的CACEMD – VDAKF跟踪算法,通过算法仿真,验证了CACEMD – VDAKF提出的算法的有效性。② 基于非线性、高斯系统假设下的跟踪滤波算法。阐述了传统的非线性系统滤波算法,即扩展卡尔曼滤波(EKF),分析了EKF滤波的偏差,提出了基于无迹粒子滤波的自适应交互多模型运动声阵列跟踪算法(AIMMUPF – MR),通过算法仿真,验证了AIMMUPF – MR算法在跟踪精度、稳定性及实时性上的有效性。③ 基于非线性、非高斯系统假设下的跟踪滤波算法。针对非线性、非高斯跟踪系统的状态滤波与预测问题,基于粒子滤波提出了确定性核粒子群的粒子滤波跟踪算法(DCPS – PF),推导了该算法的理论误差性能下界(CRLB),与传统的粒子滤波算法相比,仿真结果表明了该算法的有效性和优越性。

(5)三维运动声阵列对双点声源角跟踪指向性能研究。阐述了多点声源干扰的基本原理,建立运动声阵列在双点声源下的角跟踪指向性能数学模型。从三个方面(伪目标与真实目标的声信号在频率上一致,声压幅值保持线性关系;声压幅值一致,在频率上保持线性关系;声信号的声压幅值、频率均保持线性关系)分析了频率值比、声压幅值比及两声源的相位差与运动声阵列角跟踪指向性能之间的关系。提出将包含运动声阵列的飞行速度、侧向过载、战斗部有效毁伤半径、弹道倾角及两点声源对声阵列张角等参数的角度干扰指数(BODI)作为运动声阵列角度跟踪指向性能评价指标,为进一步研究三维运动声阵列对多声源目标跟踪理论奠定了基础。

8.2　主要创新点

通过三维运动声阵列声目标跟踪理论的研究,全书的主要创新点可以概括为"一个模型""三个指标准则""四个算法"。

1)"一个模型"

"一个模型"即运动声阵列在双点声源下角跟踪指向性能数学模型。根据多点声源干扰的基本原理,建立了包含干扰声信号与真实声目标辐射的声信号的频率值比、声压幅值比以及两声源的相位差三个指标变量的角跟踪指向性能数学模型,并得到了如下结论:在同频率的双点声源跟踪中,声强是影响运动声阵列角跟踪指向的主要因素,两点声源相位角的变化被包含在了频率值比的变化之内,同时也说明了两声源目标相位角的变化与频率值比的变化是相互关联的,不是两个独立的影响因素。

2)"三个指标准则"

(1)提出了一种度量四元三维运动声阵列跟踪观测系统测量精度的指标准则,即 PDOPF,且阵列观测系统的 PDOPF 值越高,阵列的方位观测精度越低。以二维目标的位置几何精度衰减因子函数最优为目标,对平面四元声阵列跟踪测量系统布局的位置坐标进行了解算,分析了布局精度,计算了各种布局下的 PDOPF 值,得到了三维运动声阵列跟踪测量系统的理论最佳布局,并通过静态半实物仿真试验进行了验证。

(2)提出了基于当前平均改变能量(CACE)的机动辨识准则。以观测信号的能量为基准,提出了一种针对信号几何窗口的变量——当前平均改变能量($\Delta P(k)$),给出了该变量的定义及相关性质,并对重要性质进行数学证明,以该变量为基础,提出了基于当前平均改变能量的机动检测算法,将当前机动改变能量 $W(k)$ 调制到 $\Delta P(k)$ 上,得到了当前平均改变能量机动准则,即当 $R_{\Delta P'(k),W(k)}(k) > E[W^2(k)]/2$ 时,机动发生;当 $R_{\Delta P'(k),W(k)}(k) < E[W^2(k)]/2$ 时,机动消除。

(3)提出了包含运动声阵列的飞行速度、侧向过载战斗部有效毁伤半径、弹道倾角及两点声源对声阵列张角等参数的角度干扰指标,即 BODI,将其作为三维运动声阵列角度跟踪指向性能评价指标。

3)"四个算法"

(1)针对线性、高斯系统假设下的三维运动声阵列跟踪系统,提出了基于多尺度贯序式卡尔曼滤波的运动声阵列跟踪算法(MSBKF),该算法将运动声阵列跟踪系统的动态模型转化为块的形式,利用小波变换把状态块分解到不同尺度上,并在时域和频率上建立测量与相应尺度上状态的关系,采取卡尔曼滤波器递推思想来实现运动声阵列的多尺度贯序式卡尔曼滤波算法,根据最小二乘误差估计理论推导了运动声阵列跟踪系统在球坐标系和笛卡儿坐标系下的误差公式,为提高系统跟踪精度奠定了理论基础,并为工程应用提供了实际方法。Matlab仿真结果表明MSBKF算法在精度及稳定性方面都高于传统的卡尔曼滤波算法,并且证实了MSBKF算法的递归性,然而MSBKF算法在跟踪过程中存在滞后,特别是在大机动状态下,可能造成滤波精度的降低,甚至出现滤波发散现象。基于上述缺点,提出了运动阵列对声目标CACEMD-VDAKF跟踪算法,Matlab仿真结果表明在线性、高斯跟踪系统下,针对机动声目标的跟踪,CACEMD-VDAKF算法适时性更强。

(2)针对非线性、高斯系统假设下的三维运动声阵列跟踪系统,提出了运动声阵列自适应交互多模型无迹粒子滤波(AIMMUPF-MR),该算法通过无迹变换(UT)构造初始粒子概率分布函数,利用测量残差及自适应因子实时修正测量协方差和状态协方差,同时也增加了滤波增益的自适应调节能力及后验概率密度函数的实时性,从而有效地解决了在高斯非线性状态下目标跟踪机动过程中系统模型与机动目标实际状态模型不匹配的问题。

(3)针对非线性、非高斯系统假设下的三维运动声阵列跟踪系统,提出了确定性核粒子群粒子滤波跟踪算法(DCPS-PF),该算法利用初始粒子群的粒子权值信息融合确定初始核粒子集,以当前时刻声目标方位谱函数作为重要采样密度函数并推导确定性后验概率密度函数,根据方位——马尔可夫过渡核函数更新粒子群样本,利用样本内各粒子的权值信息更新核粒子集。根据DCPS-PF算法及应用背景,并推导了针对可叠加零均值有色噪声环境下的CRLB。

8.3 尚待进一步研究内容

虽然解决了三维运动声阵列对声目标跟踪理论及其在BAT中应用的一些关键技术,但是运动声阵列在具体应用中设计的领域广、关键技术多,为加快该BAT声探测系统工程化进度,还需在以下几个方面进行进一步的研究:

(1)跟踪信号预处理技术研究,包括多传感器阵列智能信号处理,特别是针对强干扰、多反射环境下的多传感器阵列信号处理。

（2）虽然考虑了风的影响,但是弹体飞行造成的气流扰动对声波传播的影响还需进一步研究。

（3）建立一个被动声目标跟踪和评估系统的仿真和实验平台,对以往的研究成果进行汇总,若算法的计算量小,则仿真和实验可以应用同样的算法程序;若跟踪算法的计算量过大,则实验需要考虑工程应用的可能性,对算法进行快速简易处理,增强算法的实用性。

（4）多目标跟踪问题需要进一步研究,对多目标跟踪理论进行研究,进一步提高运动声阵列的实用性。

（5）运动声阵列、红外或雷达复合跟踪方法研究。

参考文献

[1] 王儒策. 弹药工程[M]. 北京:北京理工大学出版社,2002.

[2] STONE D L,等. 贝叶斯目标跟踪(第2版)[M]. 鄂群,门金柱,姚科明,译. 北京:国防工业出版社,2016.

[3] 孙书学,吕艳新,顾晓辉. BAT子弹药对二维声目标的角跟踪[J]. 火力与指挥控制,2008,33(12):113-116.

[4] 唐建生. 空气中任意阵列声被动定向模型的误差分析[J]. 西北工业大学学报,2004,22(4):496-499.

[5] 赵育善,张永生. 智能子弹药飞行运动仿真[J]. 弹箭与制导学报,1998,1(1):47-52.

[6] 程翔,张河. 高低四元阵定位算法及其精度分析[J]. 探测与控制学报,2006,28(4):12-14,18.

[7] 孙书学,顾晓辉,孙晓霞. 用正四棱锥形阵对声目标定位研究[J]. 应用声学,2006,25(2):102-108.

[8] SUN S X,LÜ Y X,GU X H,et. al. Test on estimating direction of helicopter using acoustic array[J]. 7th international symposium on test and measurement,vol(7):6641-6644.

[9] 潘汉军,李加庆,陈进,等. 半自由场波叠加噪声源识别方法研究[J]. 中国机械工程,2006,17(7):733-736.

[10] HAWKES M,NEHORAI A. Effects of sensor placement on acoustic vector-sensor array performance [J]. IEEE Journal of oceanic engineering,1999,24(1):33-40.

[11] CHAN Y T,HO K C. A simple and efficient estimator for hyperbolic location [J]. IEEE Transactions on Signal Processing,1994,42(8):1905-1915.

[12] BRANDSTEIN M S,ADCOCK J E,SILVERMAN H F. A closed form location estimator for use with room environment microphone arrays [J]. IEEE Transactions on Speech and Audio Processing,1997,5(1):45-50.

[13] 司春棣,陈恩利,杨绍普,等. 基于声阵列技术的汽车噪声源识别试验研究[J]. 振动与冲击,2009,28(1):171-177.

[14] 毛晓群,罗禹贡,杨殿阁,等. 使用阵列技术识别高速行驶轿车的辐射声源[J]. 汽车技术,2003,(9):6-9.

[15] 杨殿阁,等. 运动声源的声全息识别方法[J]. 声学学报,2002,27(4):357-362.

[16] LAZOS L,POOVENDRAN R. HiRLoc:High-resolution robust localization for wireless sensor

networks[J]. IEEE Journal on Selected Areas in Communications, 2006, 24(2):233-245.

[17]CUNNINGHAM B S,KAWAKYU K. Neural representation of source direction in reverberant space [J]. 2003 IEEE Workshop on Applications of Signal Processing to Audio and Acoustics, 2003:79-82.

[18]ETIN M C,MALIOUTOV D M,WILLSKY A S. A variational technique for source localization based on a sparse signal reconstruction perspective[C]. 2002 IEEE International Conference on Acoustics, Speech, and Signal processing, 2002:1-5.

[19]蔡平,梁国龙,等. 采用自适应相位计的超短基线水声跟踪系统[J]. 应用声学,1993, 12(2):19-23,18.

[20]MORAN M L,GREENFIELD R J,WILSON D K. Acoustic array tracking performance under moderately complex environmental conditions [J]. Applied Acoustics, 2007,68:1241-1262.

[21]DAIGLE G A,PIERCY J E, EMBLETON T F W. coherence in the propagation of sound near the ground[J]. J Acoustic Soc Am,1981,70:S54.

[22]OSTASHEV V E, WILSON D K. Coherence function and mean field of plane and spherical sound waves propagating through inhomogeneous anisotropic turbulence[J]. J Acoustic Soc Am,2004,115(2):497-506.

[23]WILSON D K. A turbulence spectral model for sound propagation in the atmosphere that incorporates shear and buoyancy forgings[J]. J Acoustic Soc Am,2000,108: 20-38.

[24]HAYKIN S. Radar array processing for angle of arrival estimation[M].//Array Signal Processing. Englewood Cliffs, NJ: Prentice-Hall Inc,1985,194-292.

[25]CAPON J, GREENFIELD RJ, LACOSS RT. Long-period signal processing results for the large aperture seismic array[J]. Geophysics,1969,34(3):305-29.

[26]SOTIRIN B J, HILDEBRAND J A. Large aperture digital acoustic array[J]. IEEE J Ocean Eng,1988,13(4):271-81.

[27]STEINBERG B. Principles of aperture and array system design[M]. New York:Wiley,1976.

[28]ELLER A, MILLER J. Environmental influences on acoustic array design and performance in shallow water[J]. Acoustic, Speech, Signal Proc; IEEE Int Conf ICASSP,1980,5:115-9.

[29]GABRIEL W F. Spectral analysis and adaptive array superresolution techniques [J]. Proc IEEE,1980,68(6):654-66.

[30]WILSON D K. Performance bounds for acoustic direction-of-arrival arrays operating in atmospheric turbulence [J]. J Acoustic Soc Am,1998,103(3):1306-19.

[31]COLLIER S L, WILSON D K. Performance bounds for passive sensor arrays operating in a turbulent medium: spherical-wave analysis[J]. J Acoustic Soc Am,2004,116: 987 -1001.

[32]ZEKAVAT S A. Power-azimuth-spectrum modeling for antenna array systems: a geometric-based approach Antennas and Propagation [J]. IEEE,2003, 51(12): 3292- 3294.

[33]KOOK H,MOEBS G B,DAVIES P,et al. An efficient procedure for visualizing the sound field

radiated by vehicles during standardized pass by tests [J]. Journal of Sound and Vibration, 1999, 233(1):137-156.

[34] SANKARANAYAAN A C, ZHENG Q F, CHELLAPPA R. Vehicle tracking using acoustic and video sensors[R]. ADA431619, 2004:2-8.

[35] FULGHUM T L. The jakes fading model for antenna arrays incorporating azimuth spread vehicular technology [J]. IEEE, 2002, 51(5):967-977.

[36] BIRD J S, MULLINS G K. Analysis of swath bathymetry sonar accuracy [J]. IEEE Journal of Oceanic Engineering, 2005, 30(2):372-390.

[37] DE JESUS J U, VILLACORTA CALVO J J, PUCNTE A l. Surveillance system based on data fusion from image acoustic array sensors [J]. IEEE AES Systems Magazine, 2000:9-16.

[38] THODE A M. Supplemental equipment request for advanced marine mammal acoustic localization[R]. ADA423081, 2004:1-3.

[39] 董其莘. 国外重视直升机的声测系统[J]. 国外兵器动态, 1994, 11.

[40] 唐建生, 等. 空气中任意阵列声被动定向模型的误差分析[J]. 西北工业大学学报, 2004, 22(4):496-499.

[41] 胡昌振, 石岩, 谭惠民. 均匀圆平面声阵被动声探测数据融合[J]. 北京理工大学学报, 1997, 17(2):170-174.

[42] 贾云得, 冷树林, 刘万春, 等. 一种简易被动声直升机定位系统[J]. 北京理工大学学报, 2000, 20(3):338-342.

[43] 罗珊, 王伟策, 张卫平, 等. 基于极大似然的智能地雷被动声阵列测向[J]. 解放军理工大学学报(自然科学版), 2003, 4(4):73-75.

[44] 杨亦春, 等. 小孔径方阵对大气中运动声源的定位研究[J]. 声学学报, 2004, 29(4):346-352.

[45] 孙书学, 吕艳新, 顾晓辉. BAT弹药对声目标跟踪的仿真研究[J]. 计算机仿真, 2009, 26(5):21-26.

[46] 顾晓辉. 反直升机智能雷有关总体的理论研究[D]. 南京:南京理工大学, 2001.

[47] WANG J, COHEN P, HERNIOU M. Camera calibration with distortion models and accuracy evaluation[J]. IEEE Trans On PAMI, 1992, 14(10):965-980.

[48] WANG D, WANG L. Global motion parameters estimation using a fast and robust algorithm [J]. IEEE Trans on Circuits and Systems for Vide Technology, 1997, 7(5):823-826.

[49] HILLIARD C I. Selection of a clutter rejection algorithm for real-time target detection from an airborne platform[J]. SPIE, 2000, 4048:74-84.

[50] 武斌, 姬红兵, 李鹏. 基于三阶累积量的红外弱小运动目标检测新方法[J]. 红外与毫米波学报, 2006, 25(5):364-367.

[51] WU B, JI H B. A novel algorithm for point-target detection based on third-order cumulate in infrared image[C]. ICSP Proceedings, 2006, 16-20.

[52] XIONG Y, PENG J X. An effective method for trajectory detection of moving pixel-sized target [C]. Proceed of IEEE Inter Confer on Systems, Man and Cybernetics, Vancouver, Canada, 1995, 3:2570-2575.

[53] 陈颖. 序列图像中微弱点状运动目标检测及跟踪技术研究[D]. 成都:电子科技大学, 2003.

[54] POHLIG S C. Spatial-temporal detention of electro-optic moving targets[J]. IEEE Trans on Aerospace and Electronic System, 1995, 31(2):608-616.

[55] 艾斯卡尔. 红外搜寻与跟踪系统关键技术研究[D]. 成都:电子科技大学, 2003.

[56] 奥本海姆. 信号与系统[M]. 刘树棠, 译. 西安:西安交通大学出版社, 1985.

[57] PORAT B, FRIEDLANDER B. A frequency domain algorithm for multi-frame detection and estimation of dim targets [J]. IEEE Trans On Pattern Analysis and Machine Intelliqence, 1990, 12(4):398-401.

[58] YONG Y, YANG X F, WANG B X, et al. A small target detection method based on generalized s-transform[C]. International Conference on Apperceiving Computing and Intelligence Analysis, 2008:189-192.

[59] THAYAPARAN T, KENNEDY S. Detection of a maneuvering air target in sea-clutter using joint time-frequency analysis techniques[J]. IEEE Processing, Radar, Sonar and Navigation, 2004, 151(1):19-30.

[60] CHAPA J Q, RAO R M. Algorithms for designing wavelets to match a specified signal[J]. IEEE Trans On Signal Processing, 2000, 48(12):3395-3406.

[61] DAUBECHIES I. The wavelet transform, time-frequency localization and signal analysis[J]. IEEE Trans On Information Theory, 1990, 36(5):961-1005.

[62] CASSENT D P, SMOKELIN J S, AYE. Wavelet and gabor transforms for detection and recovery[J]. Optical Engineering, 1992, 31:1893-1898.

[63] STRICKLAND R N, HAHN H I. Wavelet transform methods for object detection and recovery [J]. IEEE Trans On Image Processing, 1997, 6(5):724:735.

[64] DAVIESY D, PALMERY P, MIRMEHDIZ M. Detection and tracking of very small low contrast objects[C]. British Machine Vision Conference, 2001, 599-608.

[65] SUN Y Q, TIAN J W, LIU J. Background suppression based-on wavelet transformation to detect infrared target[C]. Preceding of 4th Conference on Machine Learning and Cybernetics, 2005, Guangzhou, 18-21.

[66] 刘瑞明, 刘尔琦, 杨杰, 等. 核 Fukunage-Koontz 变换检测红外弱小目标[J]. 红外与毫米波学报, 2008, 27(1):47-51.

[67] YANG L, YANG J, YANG K. Adaptive detection for infrared small target under sea-sky complex background [J]. Electronics Letters, 2004, 40(17):1083-1085.

[68] FFRENCH P A, ZEIDLER J H, KU W H. Enhanced detestability of small objects in correlated

clutter using an improved 2-D adaptive lattice algorithm[J]. IEEE Transactions on Image Processing,1997,6(3):383-397.

[69]ZHANG B Y,ZHANG T X,CAO Z G,et al. Fast new small-target detection algorithm based on a modified partial differential equation in infrared clutter [J]. Optical Engineering,2007,46 (10):106401-1.

[70]BARNETT J. Statistical analysis of median subtraction filtering with application to point target detection in inrfared background [J]. Proc,SPIE,1989, 1050:10-18.

[71]杨卫平,沈振康. 红外图像序列小目标检测预处理技术[J]. 红外与激光工程,1998,27 (1):23-28.

[72]邓小龙,谢剑英,郭为忠. 用于状态估计的自适应粒子滤波[J]. 华南理工大学学报, 2006,34(1):57-61.

[73] GONZALEZ R C, WOODS R E. Ditical image processing [M]. 2nd ed. USA: Prentice Hall,2003.

[74]FAN H,WEN C. Two-dimensional adaptive filtering based on projection algorithm[J]. IEEE Trans on Signal Proeessing,2004,52(3):832-838.

[75]WANG P,TIAN J W,GAO C Q. Infrared small target detection using directional high pass filters based on LS-SVM[J]. Electronics Letters,2009,45(3):156-158.

[76]FRENCH P A. Enhanced detect ability of small objects in correlated clutter using an improved 2-D adaptive lattice algorithm [J]. IEEE Trans on Image Processing, 1997, 6(3): 383-397.

[77]YOULAL H, JANATI M, NAJIM M. Two-dimensional joint process lattices for adaptive restoration of images[J]. IEEE Trans on Image Processing,1992,1(3):366-378.

[78]FRIEDLAND B. Optimum steady state position and velocity estimation using noisy sampled position data [J]. IEEE Transactions on Aerospace and Electronic Systems, 1973, 9(6): 906-911.

[79]HAMPTON R L T, COOKE J R. Unsupervised tracking of maneuvering vehicle [J]. IEEE Transactions on Aerospace and Electronic Systems, 1973, 9(2):197-207.

[80]SNIGER R A. Estimating optimal tracking filter performance for manned maneuvering target [J]. IEEE Transactions on Aerospace and Electronic Systems, 1,1970,6(4):473-483.

[81]MOOSE R L. An adaptive state estimation solution to the maneuvering target problem [J]. IEEE Transactions on Aerospace and Electronic Systems, 1975, 20(6): 359-362.

[82]MOOSE R L. Modeling and estimation for tracking maneuvering targets [J]. IEEE Transactions on Aerospace and Electronic Systems, 1979, 15(3), 448-456.

[83]GUL E, ATLIERTON D P. Transporter implementation of multiple target tracking [J]. Microprocessor and Microsystems,1989,(4):188-194.

[84]周宏仁,敬忠良,王培德. 机动目标跟踪[M]. 北京:国防工业出版社,1991.

[85]BLOM H A P. An efficient filter for abruptly changing systems [C]. Proc of 23th IEEE

Conf. on decision and control, 1984:656-658.

[86] BLOM H A P, Yaakov B. The IMM algorithm for system with monrovian switching coefficients [J]. IEEE Transactions on Automatic Control, 1988, 33 (8):780-783.

[87] Yaakov B, BLOM H A P. Tracking a maneuvering target using input estimation versus interacting multiple model algorithms [J]. IEEE Transactions on Aerospace and Electronic Systems, 1989, 25(2):296-300.

[88] DAEIPOUR E, BAR-SHALOM Y. IMM tracking of maneuvering targets in the presence of gilt [J]. IEEE Transactions on Aerospace and Electronic Systems, 1998, 34 (3):996-1003.

[89] DAEIPOUR E, BAR-SHALOM Y. An interacting multiple model approach of target tracking with glint noise [J]. IEEE Transactions on Aerospace and Electronic Systems, 1995,31(2): 706-713.

[90] AVERBUCH A, ITZIKOWITZ S, RAPON T. Parallel implementation of multiple models tracking algorithm [J]. IEEE Transactions on parallel and Distributed Systems, 1991, 2(2): 242-252.

[91] ACHERTON P P, GUL E, KOUNGTERIS A. Tracking multiple targets using parallel processing[C]. IEEE Proceedings: Vol. 137, pt. D., July:1990:225-234.

[92] 梁彦. 混合系统自适应多模型估计理论[D]. 西安:西北工业大学, 2001.

[93] HERMANN J W. A genetic algorithm for minimal optimization[C]. Technical Report, TR61-97, USA: The Institute for Systems Research, University of Maryland, 1997.

[94] HERMANN J W. A genetic algorithm for minimal optimization problems[C]. Proe. 1999 Congress on Evolutionary Computation, Washington, D. C., 1999:1099-1103.

[95] BLACKMAN S S, POPOL R F, Design and analysis of modern tracking systems[C]. Arteeh House, Norwood, MA, 1999.

[96] SWORDER D D, KENT M, VOJAK R. Renewal maneuvering targets[J]. IEEE trans on AES, 1995, 31(1):138-14.

[97] JENSEN M T. Robust and flexible scheduling with evolutionary computation[D]. PHD Dissertation, Denmark: University of Aarhus, 2001.

[98] VASTOLA K S, Poor H V. Robust Winner-Kolmogorov theory[J]. IEEE Transactions on Information Theory, 1984,04(01):112-133.

[99] LI X R, JILKOV V P. A survey of maneuvering target tracking-part IV: decision-based methods[C], Proceedings of SPIE, 2002, 4728:511-534.

[100] SCHOOLER C C. Optimal alpha beta tilters for systems with modeling inaccuracies [J]. IEEE Transactions on AES, 1975, 20(4):1300-1306.

[101] RAO S K. Comments on "a jerk model for tracking highly maneuvering targets" [J]. IEEE Trans on AES, 1998, 34(3):982-983.

[102] KALMAN R E. A new approach to linear filtering and prediction problems [J]. Transactions

of the ASME, Journal of Basie Engineering, 1960, 82:34-45.

[103] GUSTAFSON J A, MAYBEEK P S, Flexible space structure control via moving-bank multiple model algorithms [J]. IEEE Trans on AES, 1994, 30(3):750-757.

[104] MEHRA R K. On the identification of variances and adaptive Kalman filtering [J]. IEEE Trans on AC, 1970, 15(4):175-184.

[105] GORDON N J, SALMOND D J, SMITH A F M. Novel approach to nonlinear/non-Gaussian Bayesian state estimation Proc[J]. Inst Elect Eng F, 1993, 140(2):107-113.

[106] BAR-SHALOM Y, LI X R. Variable dimension filter for maneuvering target tracking [J]. IEEE Trans on AES, 1982, 18(5):611- 619.

[107] MOOSE R L, An adaptive state estimation solution to the maneuvering target problem[J]. IEEE Trans on AC, 1975, 20(6):359-362.

[108] VANDER MERWE R, GDEFREITAS J F, Douet A. The unscented particle filter[C]. Technical report, Dept. of Engineering, University of Cambridge, 2000:576-589.

[109] BILIK I, Maneuvering target tracking in the presence of glint using the nonlinear gaussian mixture kalman filter [J]. IEEE transaction on aerospace and electronic systems, 2010, 46 (1):246-262

[110] PUSKORIUS G, FELDKAMP L. Decoupled extended kalman filter training of feed forward layered networks[C]. InIJCNN, 1991, 1:771-777.

[111] SINGHAL S, WU L. Training multi player perceptions with the extended Kalman filter [C]. In Advances in Neural Information professing Systems, San Mateo, CA, Morgan Kauffman, 1989, 1:133-140.

[112] MATTHEWS M B. A state-space approach to adaptive nonlinear filtering using neural networks in proceedings IASTED internet. sump[J]. Artificial Intelligence Application and neural Networks, 1990:197-200.

[113] MORELANDE M R, GORDON N J, Tracking a target through coordinated turn [C]. In proceedings of the IEEE Interactional Conference on Acoustics, Speech and signal processing, PhiladelPhia, USA, 2005.

[114] MEHRA R K, Approach to adaptive filtering [J]. IEEE Trans on AC, 1972, 17(10):693- 698.

[115] JULIER S, UHLMANN J K. A genera method for approximating nonlinear transformations of probability distributions[M]. Department of Engineering Science, University of Oxford, 1996.

[116] WAN E A, VAN DER MERWE R. The unscented bayes filter[C]. Technival report. CSLU, Oregon Graduate Institute of Science and Technology, 2000.

[117] WAN E A, VAN DER MERWE R. Dual estimation and the unscented transformation [J]. Advances in Neural Information Processing Systems, 2000, 12:666-672.

[118] 罗笑冰. 强机动目标跟踪技术研究[D]. 长沙:国防科学技术大学, 2007.

[119] CALIN J, CLIFFORD P. Improved particle filter for nonlinear problems [J]. IEEE proceedings

on Radar and Sonar Navigation,1999.

[120]LEGLAND F,OUDJANE N. Stability and uniform approximation of nonlinear filters using the hilbert metrie, and application to particle filters[DB/OL]. www. tsi. enst.

[121]WAN E A, NELSON A T. Neural dual extended Kalman filtering: applications in speech enhancement and monaural blind signal separation [C]. In Proc, Neural Networks for signal processing Workshop, IEEE,1997.

[122]DENG X L, XIE J Y. Improved particle filter for passive target tracking [J]. Journal of Shanghai University,2005,9(6):534-538.

[123]JAUFET C,Pmon D. Observability in passive target information analysis [J]. IEEE Trans on AES,1996,32(4):1290-1300.

[124]PITT M K,SHEPHARD N. Filtering via simulation: auxiliary particle filters [J]. Journal of the American Statistical Association,1999,94(2):590-599.

[125]DJURIE P M,BUGALLO M F. Density assisted particle filters for state and parameter estimation [C]. proceedings IEEEICASSP2004,Montreal,Quebec,Canada,2: 701-704.

[126]LIU,WEST M. Combined parameter and state estimation in simulation based filtering, in Sequential Monte Carlo Methods in practice [J]. New York: Springer-Verlag, 2001,197-22.

[127]DOUCET A,GODSILL S,ANDRIEU C. On sequential monte carlo sampling methods for bayesian filtering [J]. Statistic. Comp, 2000, 10:197-208.

[128]CRISAN D, DOUEET A. A survey of convergence result son particle filtering methods for practitioners [J]. IEEE Transaction on Signal Professing, 2002, 50(3):736-746.

[129]罗珊. 智能地雷声传感器单阵列定向与双阵列定距技术研究[D]. 南京:解放军理工大学,2003.

[130]陈丹. 战场被动声多目标识别方法研究[D]. 西安:西北工业大学,2005.

[131]刘强,王伟策,马光彦. 战斗机起飞噪声测试及特性分析[J]. 解放军理工大学学报(自然科学版),2003,4(2):67-69.

[132]谢毅. 地面战场目标声/地震动探测与识别技术研究[R]. 北京:北京理工大学,1997.

[133]丁庆海. 被动声目标检测与识别技术研究[D]. 南京:南京理工大学,1998.

[134]吕艳新. 被动声目标识别理论研究[D]. 南京:南京理工大学,2011.

[135]王伟策. 引爆控制技术[M]. 南京:工程兵工程学院,1998.

[136]肖峰,李惠昌. 声,武器和测量[M]. 北京:国防工业出版社,2002.

[137]王秉义. 枪炮噪声与爆炸声的特性和防治[M]. 北京:国防工业出版社,2001.

[138]LILLY J G. Engine exhaust noise control, ASHRAE TC 2.6,2003.

[139]周忠来. 战场声目标抗干扰技术研究[D]. 北京:北京理工大学,1999.

[140]刘强. 基于波束形成的多子阵被动声方位角估计研究[D]. 南京:解放军理工大学,2010.

[141]孙书学. 智能子弹药的运动声阵列对声目标定向理论研究[D]. 南京:南京理工大

学,2009.

[142]LOU R C, LIN M, SCHERP S P. Dynamic multi-sensor data fusion system for intelligent robots[J]. IEEE Journal of Robotics and Automation,1988,4(4):386-396.

[143]徐贵英. 反直升机声引信的声传播问题[J]. 现代引信,1997,3:38-40.

[144]马大猷. 现代声学理论基础[J]. 北京:科学出版社,2010.

[145]彭冬亮,郭云飞,薛安克. 三维高速机动目标跟踪交互式多模型算法[J]. 控制理论与应用,2008,25(5):831-835.

[146]周丰. 纯方位目标跟踪极坐标模型的状态空间变换方法[J]. 火控雷达技术,2004, 33(6):31-35.

[147]姚怡,黄智刚,李锐. 便携式气压高度计研制及误差修正技术研究[J]. 遥测遥控,2009,30(6):48-51,65.

[148]王秀琳,曹云峰. 基于单片机的微型飞行器高度计[J]. 传感器与微系统, 2006, 25(5): 64-66.

[149]TOSHIYUKI T,MITSUO G,TOMIZO K,et al. The first measurement of a three dimensional coordinate by use of a laser tracking interferometer system based on dilatation[J]. Measurement Science and Technology,1998,9(1):38-41.

[150]贾瑞武,石庚辰. 四元声传感器面阵快速测向算法及误差分析[J],传感技术学报,2009,22(12): 1757-P1762.

[151]李宁,徐守坤,马正华,等. 基于改进粒子滤波器的 WSNS 目标跟踪算法[J]. 传感器与微系统,2011, 30(3):132-133.

[152]孙书学,顾晓辉,吕艳新,等. 弹载声阵列原理及定位算法[J]. 弹道学报,2009,21(1): 95-98.

[153]郐熙彪,王伟策,张卫平,等. 四元声阵列声速修正模型研究[J]. 探测与控制学报,2007,29(3):34-37.

[154]尹成友,徐善驾,王东进. 基于 TDOA 的多传感器在非对称域内的优化布局[J]. 电子学报,1998,12(26): 21-25.

[155]陈卫东,徐善驾,王东进. 距离定位中的多传感器布局分析[J],中国科学技术大学学报,2006,36(2): 131-136.

[156]林永兵,张国雄,李真,等. 四路激光跟踪三维坐标测量系统最佳布局[J]. 中国激光,2002,29(11): 1000-1006.

[157]黄晓瑞,崔平远. 一种基于信息融合的滤波算法及其应用[J]. 电子学报,2001,29(9):1225-1227.

[158]王耀南,李树涛. 多传感器信息融合及其应用综述[J]. 控制与决策,2001,16(5):518-522.

[159]王志刚,付欣. 多传感器信息融合及其应用[J]. 光电技术研究,2008,23(3):71-75.

[160]宋新民,王格芳,冯锡智. 基于信息融合技术的复杂系统故障诊断研究[J]. 仪器仪表学报,2006,27(6):1764-1765,1772.

[161]周鸣争,汪军. 基于 SVM 的多传感器信息融合算法[J]. 仪器仪表学报,2005,26(4):407- 410.

[162]彭冬亮,文成林,薛安克. 多传感器多源信息融合理论及应用[M]. 北京:科学出版社,201.

[163]孔德林,谭兴亮. 枪口噪声测试和研究[D]. 中国兵工学会第五届测试技术学会年会,1990.

[164]SHAPIRO J M. An embedded wavelet hierarchal image coder[C]. International Conference on ASSP, 1992,4:657- 660.

[165]SHAPIRO J M. Embedded image coding using zero trees of wavelet coefficients [J]. IEEE Trans. on Signal Processing, 1993, 41(2):3445-3462.

[166]SHAPIRO J M. Application of the embedded wavelet hierarchal image coder to very low bit rate image coding [C]. International Conference on ASSP, 1993, 5:558-561.

[167]MARTUCCI S A, SODAGAR I, CHIANG I. A zerotree wavelet video coder [J]. IEEE Trans. on Circuits and systems for video technology, 1997,71(1):109-118.

[168]MARTUCCI S A, SODAGAR I. Zerotree entropy coding of wavelet coefficients for low bit rate video [C]. International Conference on ASSP, 1996,2:533-535.

[169]GOLIN S T. A simple variable-length code [J]. Signal processing,1995,45:23-35.

[170]张贤达. 非平稳信号分析与处理[M]. 北京:国防工业出版社,1998.

[171]秦前清,杨宗凯. 使用小波分析[M]. 西安:西安电子科技大学出版社,1994.

[172]李建平. 小波分析与信号处理理论、应用及软件实现[M]. 重庆:重庆出版社,1997.

[173]VETERLI M, HERLEY C. Wavelets and filter banks: theory and design [J]. IEEE trans. on Signal processing,1992,40(12):2207-2232.

[174]张博. 多通道小波滤波器的设计方法[D]. 西安:西北大学, 1996.

[175]崔培玲,王桂增,潘泉. 基于 M 带小波的动态多尺度系统融合估计[J]. 自动化学报, 2007,33(1):21-27.

[176]BLU T. A new design algorithm for two-band orthonormal rational filter banks and orthonormal rational wavelets. [J]. IEEE Trans. on Signal Processing, 1993,41(6):2047-2066.

[177]彭冬亮,文成林,薛安克. 多传感器多源信息融合理论及应用[M]. 北京:科学出版社,2010.

[178]谢正光. 基于自适应滤波与非线性谱相减算法的联合降噪技术研究[J]. 电声技术, 2004,3(3):49-52.

[179]NIE X H. Multiple model tracking algorithms based on neural network and multiple process noise soft switching[J]. Systems Engineering and Electronics,2009,20 (6): 1227-1232.

[180]WANG Y N, WAN Q, YU H S. Effective method for tracking multiple objects in real-time visual surveillance systems [J]. Systems Engineering and Electronics, 2009, 20 (6): 1167-1178.

［181］BOUDRAA A O,CENXUS J C and SAIDI Z. EMD-based signal noise reduction［J］. International Journal of Signal Processing,2004,2(1):33-37, 2004.

［182］BOUDRAA A O, CEXUS J C, SAIDI Z. EMD-based signal filtering［J］. IEEE Transactions on Instrumentation and Measurement, 56(6):2196-2202.

［183］WENG B W, BARNER K E. Optimal and bidirectional optimal empirical mode decomposition ［J］. IEEE International Conference on Acoustics, Speech, and Signal Processing, 2007, 3(3): 1501-1504.

［184］LOONEY D, MANDIC D P. A machine learning enhanced empirical mode decomposition［J］. In Proceeding of the IEEE International Conference on Acoustic, Speech, and Signal Processing, 2007, 3: 1897-1900.

［185］王春,彭东林. Hilbert-Huang 变换及其在去噪方面的应用［J］. 仪器仪表学报,2004,25 (4):42-45.

［186］FLANDRIN P, GONCALVES P, RILLING G. EMD equivalent filter banks, from interpretation to applications［J］. In:Huang N. E. , Shen S. (Eds.), Hilbert-Huang Transform and Its Applications, World Scientific, Singapore, 2005:67-87.

［187］FLANDRIN P, RILLING G, GONCALVES P. Empirical mode decomposition as a filter bank ［J］. IEEE Signal Processing Letters,2004,11:112-114.

［188］WU Z H, HUANG N E. A study of the characteristic of white noise using the empirical mode decomposition method［J］. Proceedings of the Royal Society, London,2004,460:1597-1611.

［189］WU Z H, HUANG N E. Statistical significance test of intrinsic mode functions［J］. In:Huang N. E. , Shen S. (Eds.), Hilbert-Huang Transform and Its Applications, World Scientific, Singapore, 2005,107-127.

［190］陈忠,郑时雄. EMD 信号分析方法边缘效应的分析［J］. 数据采集与处理,2003,18 (1):114-118.

［191］程军圣,于德介,杨宇. Hilbert-Huang 变换端点效应问题的探讨［J］. 振动与冲击, 2005,24(6):40-42.

［192］张郁山,梁建文,胡聿贤. 应用自回归模型处理 EMD 方法中的边界问题［J］. 自然科学进展,2003,13(10):1054-1059.

［193］WIDROW B,GLOVER J R,MCCOOL J M, et al. Adaptive noise cancelling: principles and applications［J］. Proceeding of the IEEE, 1975, 63(12): 1692-1716.

［194］文成林,文传博,陈志国. 动态系统基于时域与频域相结合的多尺度联合滤波器［J］. 电子学报,2006,34(11):1961-1965.

［195］WEN C L,WEN C B, CHEN Z G. A multiscale associated filter combining temporal domain with frequency domain for dynamic system［C］. Procedings of the Interna-tional Conference on Sensing, Computing and Automation,2004,1696-1701.

［196］WEN C L, WEN C B. The multiscale sequential filter with multisensor data fusion［C］. 1st

International Symposium on Systems & Control in Aerospace and Astronautics. Harbin, China,2006,483- 488.

[197]文成林,周东华. 多尺度估计理论及其应用[M]. 北京:清华大学出版社,2002.

[198]ZHANG L, PAN Q, BAO P,et al. The discret Kalman filtering of a class dynamic multi-scale systems [J]. IEEE Trans. On Circuits and Systems-II：Analog and Digital Signal Processing, 2002,49(10):668-676.

[199]ABRY P, BARANIUK R, FLANDRIN P,et al. Multi-scale nature of network traffic[J]. IEEE Trans. on Signal Processing,2002,19(3):28- 46.

[200]肖传民,元琳,史泽林. 多尺度双边滤波及其在图像分割中的应用[J]. 信息与控制, 2009,38(2):229-233.

[201]HONG L,CHEN G,CHUI C K. A filter-bank-based kalman filtering technique for wavelet estimation and decomposition of random signals[J]. IEEE Trans. on Circuits and Systems-II：Analog and Digital Signal Processing, 1998, 45(2):237-241.

[202]HONG L. Multi-resolutional distributed filtering[J]. IEEE Trans. on Automatic Control, 2004, 39(4):853-856.

[203]ZHANG L,WU X,PAN Q,et al. Multiresolution modeling and estimation of multisensor data [J]. IEEE Trans. on Signal Processing, 2004,52(11):3170-3182.

[204]ZHANG L,PAN Q,BAO P,et al. The discrete kalman filtering of a class of dynamic multi-scale systems[J]. IEEE Trans. on Circuits and Systems-II：Analog and Digital Signal Processing,2002,49(10):668-676.

[205]YAN L P,LIU B S,ZHOU D H. The modeling and estimation of asynchronous multirate multisensor dynamic systems[J]. Aerospace Science and Technology,2006,10(1):63-71.

[206]WU Y I,WONG K T,LAU S K. The acoustic vector-sensor's near-field array-manifold[J]. IEEE Trans. on Signal Processing, 2010,58(7):121-125.

[207]LIANG Y J ,LIU J F,ZHANG Q P,et al. Planar location of the simulative acoustic source based on fiber optic sensor array[J]. Optical Fiber Technology ,2010, 16:140-145.

[208]ZELNIO A M,CASE E E, RIGLING B D. A low-cost acoustic array for detecting and tracking small RC aircaft[J]. IEEE. 2009,09:121-125.

[209]李燕,郭立,朱嘉. 一种精确跟踪目标的非线性滤波算法[J]. 中国科学技术大学学报,2001,31(4):487-493.

[210]党建武. 水下制导多目标跟踪关键技术研究[D]. 西安:西北工业大学,2004.

[211]杨秀华. 预测滤波技术在光电目标跟踪中的应用研究[D]. 长春:中国科学院长春光学精密机械与物理研究所,2004.

[212]张树春,胡广大. 跟踪机动再入飞行器的交互多模型 Unscented 卡尔曼滤波方法[J]. 自动化学报,2007,33(11):1220-1226.

[213]MAZOR E, AVERBUCH A, BAR-SHALOM Y,et al. Interacting multiple model methods in

target tracking: a survey [J]. IEEE Trans on AES, 1998, 34(1): 103-123.

[214] BLOM H A, BAR-SHALOM Y. The interacting multiple model algorithm for systems with markovian switching coefficient [J]. IEEE Trans on AC, 1998, 33(8): 780-783.

[215] 宋骊平,姬红. 多站测角的最小二乘交互多模型跟踪算法[J]. 西安电子科技大学学报(自然科学版),2008,35(2):242-247.

[216] DUFOUR F, MARITON M. Tracking a 3D maneuvering target with passive sensors [J]. IEEE Trans on AES, 1991, 27(4):725-739.

[217] 王炜,杨露菁. 基于 U-D 分解滤波的交互多模型算法[J]. 情报指挥控制系统与仿真技术,2005,27(3)18-22.

[218] 刘云龙,林宝军. 一种基于小生境技术的群智能粒子滤波算法[J]. 控制与决策,2010,25(2):316-320.

[219] WANG J,JIN Y G,DAI N Z,et al. Particle filter initialization in non-liner non-gaussian target tracking[J]. Journal of Systems Engineering and Electronics. 2007,18(3):491- 496.

[220] 刘亚雷,顾晓辉. 改进的辅助粒子滤波当前统计模型跟踪算法[J]. 系统工程与电子技术,2010,32(6):1206:1209.

[221] RISTIC B, ARULAMPALAM S, GORDON N. Beyond the kalman filter[M]. Boston, London: Artech House,2004.

[222] ZHANG X,WILLETT P,BAR-SHALOM Y. Dynamic cramér-rao bound for target tracking in clutter[J]. IEEE Trans. on AES,2005,41(4):1154-1167.

[223] RISTIC B,ARULAMPALAM M S. Tracking a moving target using angle-only measurements: algorithms and performance[J]. Signal Processing,2003,83:1223-1238.

[224] 郭云飞,韦巍,薛安克. 非线性滤波 CRLB 推导及在目标跟踪中的应用[J]. 光电工程,2007,34(4):26-29.

[225] 赵长胜,陶本藻. 有色噪声作用下的卡尔曼滤波[J]. 武汉大学学报(信息科学版),2008,33(2):180-182.

[226] 权太范. 目标跟踪新理论与技术[M]. 北京:国防工业出版社,2009.

[227] 周伟,惠俊英. 基于声矢量自适应干扰抵消的逆波束形成[J],兵工学报,2010,31(9):1188-1192.

[228] 周明,初磊. 高频噪声干扰器干扰主动声自导鱼雷仿真研究[J],兵工学报,2010,31(3):327-330.

[229] BRAGA B F. History ofunited states torpedo defense from worldwar Ⅱ to present[C] UDT Europe 2000 Conference. LaSpezia,Italian:[s. n.],2000:10-15.

[230] MORAN M L,GREENFIELD R J,WILSON D K. Acoustic array tracking performance under moderately complex environmental conditions[J]. Applied Acoustics,2007,68:1241-1262.

[231] 顾晓辉,王晓鸣. 用双直角三角形阵对声目标定位的研究[J]. 声学技术,2003,22(1):44-47.

[232]刘亚雷,顾晓辉,甘宁.一种新的四元阵列融合声源识别方法[J].科学技术与工程,2020,20(28):232-237.

[233]艾名舜.反辐射导弹抗有源诱偏中信号处理技术研究[D].西安:第二炮兵工程学院,2011.